城市绿地和绿化的低碳化建设规划指南

■ 骆天庆 著

中国建筑工业出版社

图书在版编目（CIP）数据

城市绿地和绿化的低碳化建设规划指南／骆天庆著．
北京：中国建筑工业出版社，2015.12
ISBN 978-7-112-18817-8

I. ①城… II. ①骆… III. ①节能－城市绿地－绿化
规划－指南 IV. ① TU985.1-62

中国版本图书馆 CIP 数据核字（2015）第 286557 号

责任编辑：杨　虹
责任校对：李美娜　赵　颖

城市绿地和绿化的低碳化建设规划指南
骆天庆　著

＊
中国建筑工业出版社出版、发行（北京西郊百万庄）
各地新华书店、建筑书店经销
北京嘉泰利德公司制版
廊坊市海涛印刷有限公司印刷
＊
开本：787×960 毫米　1/16　印张：8¹/₂　字数：210 千字
2015 年 12 月第一版　2015 年 12 月第一次印刷
定价：32.00 元
ISBN 978-7-112-18817-8
（28136）

P 前 言
reface

之所以撰写这本书，完全是一个机缘巧合。因为近年来专注于社区公园研究，2014年暑期前往上海长宁区绿化和市容管理局，接洽其所管辖的一处社区公园的改造事宜。适逢局里因为虹桥商务区低碳试点建设任务，希望开展虹桥地区绿地低碳水平的评估和改进研究。于是结合同济大学建筑与城市规划学院景观学系本科生的总规课程教学，进行了这项工作。虽然最终由于种种原因，项目未能成功立项推进，但在商议、研究的过程中感悟颇深，所以决定将之成书，与同行探讨低碳绿地的规划建设究竟该如何推行。

低碳早已成为流行语，而绿地似乎约定俗成被视为是低碳的。何来低碳绿地一说？城市绿地规划虽然复杂，但循着各项标准规范，也早有套路。然而，这一看似伪妄的命题，窃以为在当下中国生态环境危机重重、而从执政者到民众的生态意识终于开始觉醒之时，顺从国际社会的压力，是可以真实地有些作为的，并且，如果侥幸，还有可能借之消减一些绿地规划实务的八股气息。

因为一直关注生态规划设计理论方法的研究，所以在诠释绿地的低碳化建设时，难免偏向生态和绿色技术的引介。并且，任何的规划创新，只要希望是能够实践操作的，必须顾及与现行规划机制的承接，因此不辞冗长剖析了当前城市绿地系统规划调控的关键层面。

感谢同济大学建筑与城市规划学院景观学系2015届参与虹桥地区绿地系统规划调研的同学。他们在总规课程有限的教学时段内，充满热情地完成了工作量巨大的虹桥地区城市和绿地建设情况的详细调研，并进行了颇具创造性的规划设计探索。

感谢我的硕士研究生苏怡柠、陈茹、夏良驹和曾璐同学，分别协助进行了本书的图表绘制、虹桥地区调研数据的校核、虹桥地区的地形模型创建与高程和流域分析以及绿地碳汇碳排的文献研究工作。

感谢我的家人，在本书拖沓的写作进程中，给予的宽容、理解和支持。

骆天庆

2015 年 10 月于上海

C 目 录
ONTENTS

CHAPTER 1

第 1 章　理念与途径

1.1 低碳：目标与挑战

随着世界工业经济的发展、人口的剧增、人类欲望的无限上升和生产生活方式的无节制，二氧化碳排放量越来越大，地球臭氧层正遭受前所未有的危机，世界气候面临越来越严重的问题，全球灾难性气候变化屡屡出现，已经严重危害到人类的生存环境和健康安全。1997 年 12 月，《联合国气候变化框架公约》第三次缔约方大会通过了《京都议定书》，旨在限制发达国家温室气体排放量，以抑制全球变暖；2005 年 2 月 16 日，《京都议定书》正式生效，这是人类历史上首次以法规的形式限制温室气体排放。2007 年 12 月 15 日，联合国气候变化大会产生了《巴厘岛路线图》，为 2009 年前应对气候变化谈判的关键议题确立了明确议程。

低碳（Low-carbon），意指较低（更低）的温室气体排放。在低碳的概念里，"低"其实是相比较而言、不断推进的目标。《京都议定书》规定，到 2010 年，所有发达国家中二氧化碳等 6 种温室气体的排放量，要比 1990 年减少 5.2%。2007 年 3 月，欧盟各成员国领导人一致同意，单方面承诺到 2020 年将欧盟温室气体排放量在 1990 年基础上至少减少 20%。全球各个致力于低碳发展的国家和城市，都基于自身目前的温室气体排放水平提出了切实可行的消减目标（图 1-1）。

"低碳"与"可持续"、"绿色"、"生态"一起，都是目前炙手可热的建设发展理念。它们互相之间既有着密切的关联，又有着本质的区别（图 1-2）。其中，"低碳"和"可持续"关注的都是目标层面；但"可持续"意在长远的发展，强调能满足当代人的需要，又不对后代的需要构成危害；而"低碳"则聚焦于通过增加碳汇、减少碳排来实现可持续发展；因此，"低碳"目标是"可持续"目标的一个子目标。"绿色"和"生态"则关注技术方法的层面，都旨在借助技术手段在发展中有效地保护环境，因此往往被视为同义词；但二者通常被使用于不同的语境，如绿色多用于建筑，而生态多用于景观、城市等；"绿色"和"生态"技术是实现"低碳"乃至"可持续"目标的手段和方法。

温室气体中最主要的气体是二氧化碳，因此用碳（Carbon）一词作为代表，碳排放成为温室气体排放的一个总称或简称；而碳排放量作为低碳水平的直接测度，也成为低碳目标首要的控制和削减对象。在人类社会系统中，碳排放涉及各种生产、生活性碳源（Carbon Source）。联合国政府间气候变化专门委员会（Intergovernmental Panel on Climate Change，简称 IPCC）对发达

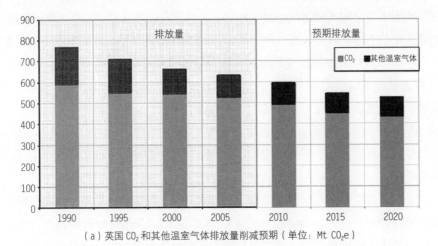

（a）英国 CO_2 和其他温室气体排放量削减预期（单位：Mt CO_2e）

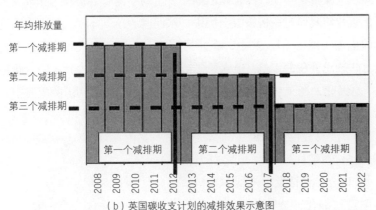

（b）英国碳收支计划的减排效果示意图

图1-1　英国应对气候变化的中长期减排目标（根据曾静静，2008[①]）

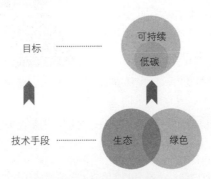

图1-2　低碳及相关概念辨析图

① 曾静静．将减排目标纳入国家法律体系：英国发布《气候变化法案》草案 [N]．科学新闻杂志，2008.5.7．

国家的碳源做了较为详尽的分类，将其分为能源及转换工业、工业过程、农业、土地使用的变化和林业、废弃物、溶剂使用及其他共 7 个部分；发展中国家的化石燃料和工业发展所涉及的排放状况与发达国家存在差异，我国在 2001 年 10 月国家计委气候变化对策协调小组办公室启动的"中国准备初始国家信息通报的能力建设"项目中，将温室气体的排放源分类为能源活动、工业生产工艺过程、农业活动、城市废弃物和土地利用变化与林业 5 个部分。[①] 因此，尽管碳排放针对的是一个明确的测度对象，但这个对象却涉及社会生产、生活的各个层面。

除了对碳源的直接控制与削减，低碳的另一个间接途径是从空气中清除二氧化碳，即进行碳汇（Carbon Sink）。碳汇与碳源是两个相对的概念，减少碳源一般通过减排来实现，增加碳汇则需要借助于固碳。植物可以吸收大气中的二氧化碳并将其固定在植被或土壤中，从而减少该气体在大气中的浓度，是天然的碳汇库（图 1-3）。其中，森林是陆地生态系统中最大的碳库，其面积虽然只占陆地总面积的 1/3，但森林植被区的碳储量几乎占到了陆地碳库总量的一半[②]。因此，在《京都议定书》之后的一系列气候公约国际谈判中，国际社会对森林吸收二氧化碳的汇聚作用越来越重视：《波恩政治协议》、《马拉喀什协定》将造林、再造林等林业活动纳入《京都议定书》确立的清洁发展机制（CDM），鼓励各国通过绿化、造林来抵消一部分工业源二氧化碳的排放。[③]

低碳作为发展目标虽然扼要明确，但因为牵涉到社会经济和日常生活的方方面面，如何实现是一个巨大的挑战。发达国家因工业化发展时间长、历史排放

图1-3 地球上主要的天然碳汇库

---

① 张德英，张丽霞．碳源排碳量估算办法研究进展 [J]．内蒙古林业科技，2005（1）：20-23．

② 2000 年 IPCC 发表的报告估计，全球陆地生态系统碳贮量约 24770 亿吨。其中植被 4660 亿吨，植被碳储量约占 20%；土壤 20110 亿吨，土壤碳储存量约占 80%。森林面积占全球陆地面积的 27.6%，森林植被的碳贮量约占全球植被碳贮量的 77%，森林土壤的碳贮量约占全球土壤碳储量的 39%。森林生态系统碳库储量占陆地生态系统碳储量的 46.6% 左右。

③ 李顺龙．森林碳汇经济问题研究 [D]．东北林业大学，2005．

总量相对更大且在资金和技术上占有优势，理应承担更多的减排责任。但《京都议定书》通过之后，2001 年，美国总统布什刚开始第一任期就宣布美国退出《京都议定书》，理由是议定书对美国经济发展带来过重负担；此后尽管国际各方一直施压，美国还是一再拒绝重返《京都议定书》。一些发展中国家则由于近年来接纳了许多发达国家为提高自身环保标准而转移的高能耗、高污染、低附加值的产业，且限于技术、资金，通常能源利用率低、能耗大，逐渐成为目前的污染排放大国，也同样需要承担责任，采取相应措施。并且，这些发展中国家如果不具备相应的低碳经济体系和低碳技术优势，则在应对全球气候变化的压力下，很可能再次成为西方国家的新兴市场，而发达国家可以利用气候变化机会和本国的低碳经济优势继续主导国际体系。低碳将成为世界政治经济新一轮竞争焦点。

1.2 低碳城市与绿地和绿化的低碳化

城市是温室气体的主要排放源，城市中的碳排占全球人类碳排总量的70%[①]，主要来自能源供给、交通、商用和住宅建筑、工业、废弃物、农业和林业（包括毁林）（图 1-4）。并且由于人口聚集，为获取充足的生产生活用水，世界上大部分城市分布在海拔较低的滨海、平原或河谷地带，面对气候改变、海平面上升的风险更具脆弱性（图 1-5）。与此同时，城市政府也是全球应对气候变化、向低碳转型的主要推动者。相对于庞大的国家系统，城市更易于通过经济转型、生活方式倡导和管理改进等切实行动，在节能减排、遏制气候变化方面有所作为。因此，"低碳城市"已成为未来城市的发展模式之一。

低碳城市是以低碳经济为发展模式和方向，市民以低碳生活为理念和行为特征，城市管理以低碳社会为建设标本和蓝图的城市。目前低碳城市建设在全球范围内广泛展开。伦敦、东京、纽约等世界级城市先后提出了低碳城市建设目标并制定相关规划或行动计划。迄今为止，中国也已提出了低碳城市的发展战略设想，并确定了 6 个低碳试点省区、36 个低碳试点城市（表 1-1）。

---

① Sustainable Low-Carbon Citie Development in China [R]. Edited by Baeumler A, Ijjasz-Vasquez E and Mehndiratta S. Washington DC：World Bank，2012.

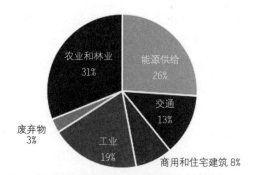

图1-4　城市碳排构成（根据：联合国人类住区规划署，2011[①]）

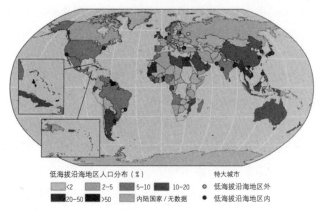

图1-5　世界人口与特大城市的海拔分布（图片来源：世界银行，2009[②]）

中国低碳试点省区和城市　　　　　　　　　　　　　　　　表 1-1

低碳试点省区和城市	确定批次	确定时间	省区和城市
低碳试点省区	第一批	2010	广东省、辽宁省、湖北省、陕西省、云南省
	第二批	2012	海南省
低碳试点城市	第一批	2010	天津市、重庆市、深圳市、厦门市、杭州市、南昌市、贵阳市、保定市
	第二批	2012	北京市、上海市、石家庄市、秦皇岛市、晋城市、呼伦贝尔市、吉林市、大兴安岭地区、苏州市、淮安市、镇江市、宁波市、温州市、池州市、南平市、景德镇市、赣州市、青岛市、济源市、武汉市、广州市、桂林市、广元市、遵义市、昆明市、延安市、金昌市、乌鲁木齐市

① 联合国人类住区规划署．联合国人类住区规划署北京信息办公室,译．城市与气候变化：政策方向（全球人类住区报告）[R]. London：Earthscan Ltd., Washington DC：Earthscan LLC, 2011.

② World Bank. World Development Report 2010：Development and Climate Change [R]. Washington, DC：World Bank. 2009.

但通常对于城市系统的认识中，建筑、工业生产、交通运输等因其直接或间接的高能耗，是公认的高碳源聚集领域；而城市绿地因为是城市区域内唯一的自然碳汇，是实现现代城市生态和碳汇功能的主要途径，理所应当是"低碳"的。例如，世界银行2012年发布的《中国低碳城市可持续发展指南》中，对于能源、交通、环境治理、城市更新和历史街区改良、信息通信等都提出了低碳行动策略，但对于城市绿地，仅提出了通过城市森林和都市农业建设进行创新发展的建议。

事实上，这种想当然地认为城市绿地"低碳"的看法，是被绿地表象的绿色误导而形成的盲目的环境自信。相比城市中建筑、交通、工业领域的高碳属性，城市绿地存在许多隐形能耗。新西兰景观设计师克雷格.波考克（Craig Pocock）最早开始研究风景园林项目潜在的碳值，通过对其自身14年来从事的园林景观项目所消耗的 CO_2 成本进行估算，他在2007年指出，一般设计师使用材料产生的二氧化碳，远超出其种植植物能吸收的碳量（图1-6）。因此，要切实发挥城市绿地系统保障城市碳平衡的重要作用，必须客观审视城市绿地和绿化的碳汇效益和碳排水平。对于低碳汇、高碳排的绿地和绿化形式，同样需要进行低碳化建设。

图1-6 克雷格·波考克（Craig Pocock）从事景观行业以来个人碳足迹测算
（根据 http://www.carbonlandscape.co.nz）

1.3 城市绿地和绿化的低碳化途径

从低碳理念出发，城市绿地的低碳化建设就是通过增碳汇、减碳排来优化绿地和绿化的低碳功能。

城市绿地和绿化的低碳功能可以分为直接和间接两个方面。其中直接功能是绿地和绿化自身的碳汇能力和碳排水平；间接功能则是通过影响周边环境的热岛效应、到访交通的碳排放量以及发挥低碳教育示范作用等途径，来影响城市其他系统的碳排水平。

其中，直接低碳功能的优化途径主要包括：

● 增加绿地和绿化自身的碳汇量

基于植物的固碳释氧作用，通过增加绿地面积和绿化总量、优化植物配置，可以提升绿地和绿化自身的碳汇能力，增加城市的碳汇总量。

● 降低绿地和绿化自身的碳排量

城市绿地和绿化的直接碳排主要是建设过程、绿化养护和绿地维护使用过程中的碳排，如建设过程中的能耗和材料消耗，绿化养护中的浇灌、施肥、喷药等相关排放，以及设施运营和绿地照明等相关能耗和排放。通过低维护绿化、必要照明和必要设施的建设，可以减少各种不必要的直接碳排，从而削减建设过程、绿化养护和绿地维护使用过程中的碳排总量。

间接低碳功能的优化技术主要包括：

● 降低绿地周边建成环境的热岛效应

通过增加绿化覆盖率和立体绿化率，利用植物的蒸腾作用和遮阴作用实现环境降温，可以显著减少与城市热岛效应相关的碳排（如因使用空调导致的高建筑能耗）（图1-7）。

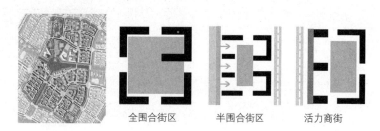

全围合街区　　　半围合街区　　　活力商街

可集约利用土地资源，有效增加地块开发强度，并有利于改善微环境

图1-7　崇明东滩的围合式街区

（图片来源：匡晓明，王路，徐进，2014[①]）

---

① 匡晓明，王路，徐进. 低碳社区规划研究初探——以上海陈家镇国际实验生态社区规划为例 [A]. 中国城市科学研究会，中国绿色建筑与节能专业委员会，中国生态城市研究专业委员会. 第十届国际绿色建筑与建筑节能大会暨新技术与产品博览会论文集——低碳社区与绿色建筑 [C]. 北京，2014.

●减少到访交通引发的碳排

借助公园绿地的均衡布局，可以提升就近出游率、减少机动车出行（图1-8）；通过建设都市农业、都市花园等新型绿地（图1-9），可以减少食品、花卉等植物产品的运输距离，削减交通运输产生的碳排。

●利用绿地空间宣传低碳理念

通过样板绿地／绿化的建设和宣传教育，可以推广低碳绿地／绿化的理念、建设模式、相关技术和产品（如乡土植物的种子等）（图1-10）。

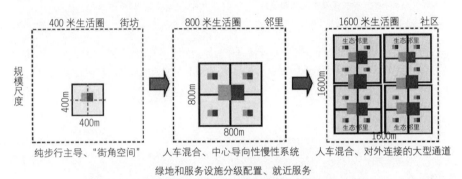

图1-8　崇明东滩的"街坊－邻里－社区"3级低碳社区模式
（图片来源：匡晓明，王路，徐进，2014[①] ）

整合学生宿舍、果园、农田、太阳能供电系统和污水自净系统形成了一个微型的学生生活、学习和研究社区

学生可参与农业劳作自给自足

图1-9　位于美国加州理工大学波莫纳分校（California State Polytechinic University, Pomona）校园内的约翰·莱尔再生研究中心（John T. Lyle Center for Regenerative Studies）

---

① 见前页引文①。

展示本地植物在园林中的使用 为周边居民提供免费的技能培训并赠送种子

（照片来源：http://www.cbwcd.org/161/Wilderness-Park）

图1-10　美国加州蒙特克莱尔市"奇诺流域水源保护区生态公园"（Chino Basin Water Conservation District Wilderness Park，是加州节水型公园计划的样本公园之一）

CHAPTER 2

第 2 章　中国实践现状

2.1 城市绿地系统规划：相关规范、标准解读

各种城市绿地是通过系统规划进行定性、定位、定量的统筹安排，形成具有合理结构的绿地空间系统，从而实现绿地的生态保护、游憩休闲和社会文化等功能。

目前在实践中存在两种城市绿地系统规划：一种是根据《中华人民共和国城市规划法》[①]和《中华人民共和国城乡规划法》[②]，作为城市总体规划的强制性内容编制的绿地规划，是城市总体规划的一项专业性配套规划，经过批准后具有法律效力，是城市规划管理和划定"绿线"的依据，并被用于指导编制下一个层次的详细规划；另一种是根据建设部《城市绿地系统规划编制纲要（试行）》（建城 [2002]240 号）单独编制的专项规划，这种绿地系统规划符合申报和创建国家园林城市的要求，但是必须和城市总体规划协调，纳入城市总体规划，经过批准后才具有法律效力。[③]

在我国的城市规划体系中，城市绿地系统规划最初是作为城市总体规划的专业性配套规划出现的，旨在从宏观的角度全面控制城市绿地的保护和开发，解决全局性、战略性的问题，如规划的年限、范围、原则、目标、绿地总量、人均指标、布局结构等。专业性配套的城市绿地系统规划具有法定地位，但对于指导实际的城市绿地控制管理和绿化建设实践来说，其编制深度还存在差距。

从 20 世纪 90 年代初开始有独立编制的城市绿地系统专项规划，在城市绿地分类、绿化树种选择和保护等方面都较之前的专业性配套规划有所深入，与实际管理操作的对接性有所加强。在此基础上，1992 年建设部提出创建国家园林城市的号召，单独编制城市绿地系统规划是申报园林城市的必要条件之一；2002 年建设部印发了《城市绿地系统规划编制纲要（试行）》，明确了城市绿地系统规划作为对城市总体规划进行深化和细化的专业规划、进行单独编制的必要性，但仍没有给予确切的法定地位。因此，尽管随着当前城镇化的快速推进，城市的各种环境、社会问题日益突出，城市绿地在城市生态的建设和维护、为市民创造一个良好的人居环境以及促进城市的可持续发展等方面的重要作用越来越受到关注，但一个城市是否需要编制绿地系统专项规划，仍不具

---

① 1990 年 4 月 1 日起施行，2008 年 1 月 1 日废止。

② 2007 年 10 月 28 日第十届全国人民代表大会常务委员会第三十次会议通过，2008 年 1 月 1 日起施行，2015 年 4 月 24 日修改。

③ 刘家麒．关于城市绿地系统规划的若干问题 [J]．风景园林，2005（4）：13-15.

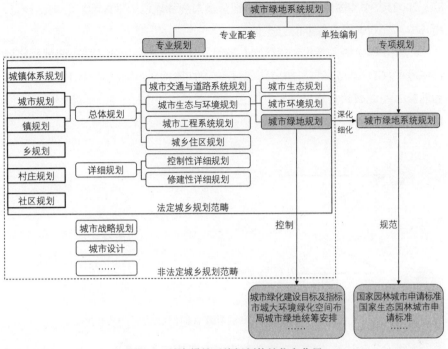

图2-1 城市绿地系统规划的地位和作用

图 2-1 是对城市绿地系统规划在城市规划和建设管理体系中的具体作用和地位的图解。由于城市绿地系统规划源于城市总体规划，且无论是专业规划还是专项规划，都必须配套于、纳入城市总体规划才具有法律效力，因此城市绿地系统规划秉承了城市总体规划严格受规范、标准的指导和制约的操作模式。相关规范和标准的约束有利于控制规划编制的基本水准和合理性，但如果机械照搬，也会导致脱离实际、流于形式的弊端。因此，对于相关规范和标准的深入理解，是合理规划的前提。

有关城市绿地系统规划的编制方法、绿地分类、规划指标等方面，已经出台了一批法规和标准、规范，指导、规范规划操作的整个过程（图 2-2）。最为主要的现行规范和标准包括：

● 2002 年，中华人民共和国建设部印发的《城市绿地系统规划编制纲要（试行）》，使得城市绿地系统规划的编制有章可循；

● 同年中华人民共和国建设部批准公布的《城市绿地分类标准》（CJJ/T

① 徐波．谈城市绿地系统规划的基本定位 [J]．城市规划，2002（11）：20-22.

85—2002），作为国家标准《城市用地分类与规划建设用地标准》的细化补充，指导专项规划中城市绿地的分类；

● 2010 年中华人民共和国住房和城乡建设部批准公布的《城市园林绿化评价标准》（GB/T 50563—2010），结合《国家园林城市标准》、《国家园林城镇标准》、《国家园林县城标准》和《国家生态园林城市标准》，指导控制城市绿地规划指标的指标设置。

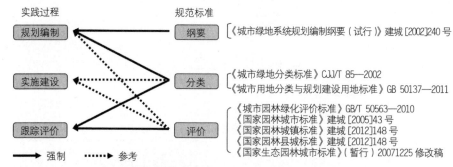

图2-2　各种规范和标准在城市绿地系统规划操作中的作用

这些规范和标准的指导和规范作用，主要从三个层面展开（图 2-3）：

● 从城市建设用地的统筹协调和绿地建设水平的实际情况出发，按照等级控制城市绿地的用地指标；

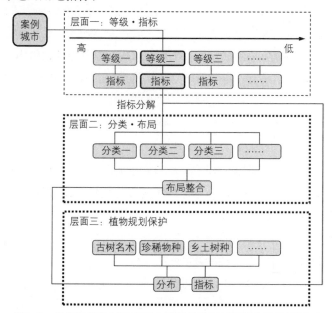

图2-3　各种规范和标准在城市绿地系统规划操作中的作用层面

● 从绿地功能的平衡配置出发，对绿地类型和合理布局进行调控；

● 从绿化建设和保护的操作角度出发，对绿化树种、种植结构、植物多样性保护和名木古树保护加以指导。

2.1.1 等级与指标

城市规模一般包括人口规模、用地规模、职能和经济规模、基础设施规模。这四个方面是相互联系又相互区别的。我国处在快速城市化过程中，比较注意城市人口规模的变化，且人口规模资料比较容易取得，因而更为常用。[①] 而人口规模与用地规模、职能和经济规模、基础设施规模密切关联。因此，按人口规模建立城市等级体系，按城市等级对城市中各类用地（包括绿地）进行具体调控，是城市规划中通常的做法。

中华人民共和国住房和城乡建设部 2012 年 1 月 1 日施行的《城市用地分类与规划建设用地标准》（GB 50137—2011）中，对规划建设用地规模的调控是通过人均城市建设用地面积指标来实现的，而这一规划指标的制定则需根据现状人均城市建设用地面积指标（指征现状规模）、城市所在的气候区以及规划人口规模（指征人口规模发展）综合确定（表 2-1）。

规划人均城市建设用地面积指标（m^2/ 人）（根据：GB 50137—2011）　表 2-1

气候区	现状人均城市建设用地面积指标	允许采用的规划人均城市建设用地面积指标	允许调整幅度		
			规划人口规模 ≤ 20.0 万人	规划人口规模 20.1~50.0 万人	规划人口规模 > 50.0 万人
Ⅰ、Ⅱ、Ⅵ、Ⅶ	≤ 65.0	65.0~85.0	> 0.0	> 0.0	> 0.0
	65.1~75.0	65.0~95.0	+0.1~+20.0	+0.1~+20.0	+0.1~+20.0
	75.1~85.0	75.0~105.0	+0.1~+20.0	+0.1~+20.0	+0.1~+15.0
	85.1~95.0	80.0~110.0	+0.1~+20.0	−5.0~+20.0	−5.0~+15.0
	95.1~105.0	90.0~110.0	−5.0~+15.0	−10.0~+15.0	−10.0~+10.0
	105.1~115.0	95.0~115.0	−10.0~−0.1	−15.0~−0.1	−20.0~−0.1
	> 115.0	≤ 115.0	< 0.0	< 0.0	< 0.0
Ⅲ、Ⅳ、Ⅴ	≤ 65.0	65.0~85.0	> 0.0	> 0.0	> 0.0
	65.1~75.0	65.0~95.0	+0.1~+20.0	+0.1~+20.0	+0.1~+20.0
	75.1~85.0	75.0~100.0	−5.0~+20.0	−5.0~+20.0	−5.0~+15.0
	85.1~95.0	80.0~105.0	−10.0~+15.0	−10.0~+15.0	−10.0~+10.0
	95.1~105.0	85.0~105.0	−15.0~+10.0	−15.0~+10.0	−15.0~+5.0
	105.1~115.0	90.0~110.0	−20.0~−0.1	−20.0~−0.1	−25.0~−5.0
	> 115.0	<110.0	< 0.0	< 0.0	< 0.0

① 朱春，吕芹．我国城市规模等级体系的探讨 [J]. 经济改革与经济发展，2011（3），16-18.

城市绿地作为规划建设用地的组成部分，其规模控制则在此总量调控的基础上，进一步针对最为主要的（公园）绿地与广场，通过下限指标和分类占比来加以控制。对下限指标的规定是要求规划人均绿地与广场用地面积不应小于 $10.0m^2/$ 人，其中人均公园绿地面积不应小于 $8.0m^2/$ 人；对于居住用地、公共管理与公共服务设施用地、工业用地、道路和交通设施用地以及绿地与广场用地这五大类主要规划用地占城市建设用地的比例，则如表 2-2 中规定。

规划城市建设用地结构（根据：GB 50137—2011）　　　　表 2-2

用地名称	占城市建设用地比例（%）
居住用地	25.0~40.0
公共管理与公共服务设施用地	5.0~8.0
工业用地	15.0~30.0
道路与交通设施用地	10.0~25.0
绿地与广场用地	10.0~15.0

城市建设用地是有限的。表 2-1 中，规划人口规模的控制作用是针对城市增量土地。城市人口规模越大，人均建设用地的可调整范围越小，意味着对城市建设用地总量的控制越严格，从建设用地中按比例获得的绿地总量反映到人均水平上，也相应地越有限。因此，城市绿地的下限指标控制，是对人均绿地基本水平的重要控制；而城市绿地的分类占比控制，则是出于在有限的用地总量条件下、对城市系统各项功能进行平衡协调的考虑。

《城市园林绿化评价标准》（GB/T 50563—2010）是对城市绿地系统专项规划中指标设置的主要指导标准，从综合管理、绿地建设、建设管控、生态环境、市政设施等方面提出了一整套详尽的评价指标体系。《城市园林绿化评价标准》同样采取了分等级设置指标的办法。但与城市规划的规模等级的做法不同，《城市园林绿化评价标准》按照城市的绿地建设水平划分了 4 个等级，每一等级均选配了指标体系中不同的指标作为基本项、一般项或附加项作为规划参考。其中，基本项属于城市园林绿化中的核心内容，是该等级中一票否决的内容，不达标就需要降级；一般项为城市园林绿化中较为重要的内容，是该等级中要求达标的内容，如果不能满足一般项数量要求时，可以通过评价同类型的附加项予以替代，评价满足任意两项同类型的附加项可相当于满足一项同类型的一般项；附加项则是一些具有地方或地域特色的城市园林绿化评价内容、一些目前在全国推广有一定局限的评价内容以及研究推介的评价内容，体现了对城市园林绿化特色建设内容的鼓励，同时也保证本标准具有更好的适用性。该标准的评价方法采用了选项达标的方式，等级越高，要求的指标越多也越严格（表2-3）。

城市绿地分级评价指标体系（根据 GB/T 50563—2010）　　　表2-3

指标类型	指标序号	指标		城市园林绿化评价要求			
				等级 I	等级 II	等级 III	等级 IV
综合管理	1	城市园林绿化管理机构		基本	基本	基本	基本
	2	城市园林绿化建设维护专项资金		基本	基本	基本	基本
	3	城市园林绿化科研能力		基本	基本	一般	一般
	4	《城市绿地系统规划》编制		基本	基本	基本	基本
	5	城市绿线管理		基本	基本	基本	基本
	6	城市蓝线管理		基本	一般	一般	一般
	7	城市园林绿化制度建设		基本	基本	基本	基本
	8	城市园林绿化管理信息技术应用		基本	基本	一般	一般
	9	公众对城市园林绿化的满意率（%）		基本	一般	一般	一般
绿地建设	1	建成区绿化覆盖率（%）		基本（40%）	基本（36%）	基本（34%）	基本（34%）
	2	建成区绿地率（%）		基本（35%）	基本（31%）	基本（29%）	基本（29%）
	3	城市人均公园绿地面积	人均建设用地小于 80m² 的城市	基本（9.5~11.0m²）	基本（7.5~9.0m²）	基本（6.5~7.5m²）	基本（6.5~7.5m²）
			人均建设用地 80~100m² 的城市				
			人均建设用地大于 100m² 的城市				
	4	建成区绿化覆盖面积中乔、灌木所占比率（%）		基本（70%）	基本	基本	一般
	5	城市各城区绿地率最低值		基本	基本	基本	一般
	6	城市各城区人均公园绿地面积最低值		基本	基本	基本	基本
	7	公园绿地服务半径覆盖率（%）		基本	一般	一般	一般
	8	万人拥有综合公园指数		基本	基本	一般	一般
	9	城市道路绿化普及率（%）		基本	一般	一般	一般
	10	城市新建、改建居住区绿地达标率（%）		一般	一般	一般	一般
	11	城市公共设施绿地达标率（%）		一般	一般	一般	一般
	12	城市防护绿地实施率（%）		一般	一般	一般	一般
	13	生产绿地占建成区面积比率（%）		一般	一般	一般（2%以上）	一般（2%以上）
	14	城市道路绿地达标率（%）		附加	附加	附加	附加
	15	大于 40hm² 的植物园数量		附加	附加	附加	附加
	16	林荫停车场推广率（%）		附加	附加	附加	附加
	17	河道绿化普及率（%）		附加	附加	附加	附加
	18	受损弃置地生态与景观恢复率（%）		附加	附加	附加	附加

城市绿地和绿化的低碳化建设规划指南

续表

指标类型	指标序号	指标	城市园林绿化评价要求			
			等级 I	等级 II	等级 III	等级 IV
建设管控	1	城市园林绿化综合评价值	基本	基本	基本	基本
	2	城市公园绿地功能性评价值	基本	基本	基本	基本
	3	城市公园绿地景观性评价值	基本	基本	基本	基本
	4	城市公园绿地文化性评价值	基本	基本	基本	基本
	5	城市道路绿化评价值	基本	基本	基本	基本
	6	公园管理规范化率（%）	基本	基本	基本	一般
	7	古树名木保护率（%）	基本	基本	基本	基本
	8	节约型绿地建设率（%）	一般	一般	一般	一般
	9	立体绿化推广	一般	一般	一般	一般
	10	城市"其他绿地"控制	一般	一般	一般	一般
	11	生物防治推广率（%）	附加	附加	附加	附加
	12	公园绿地应急避险场所实施率(%)	附加	附加	附加	附加
	13	水体岸线自然化率（%）	附加	附加	附加	附加
	14	城市历史风貌保护	附加	附加	附加	附加
	15	风景名胜区、文化与自然遗产保护与管理	附加	附加	附加	附加
生态环境	1	年空气污染指数小于或等于100的天数	基本	基本	一般	一般
	2	地表水 IV 类及以上水体比率（%）	基本	基本	一般	一般
	3	区域环境噪声平均值	一般	一般	一般	一般
	4	城市热岛效应强度	一般	一般	一般	一般
	5	本地木本植物指数	基本	一般	一般	一般
	6	生物多样性保护	基本	一般	一般	一般
	7	城市湿地资源保护	基本	一般	一般	一般
市政设施	1	城市容貌评价值	基本	基本	一般	一般
	2	城市管网水检验项目合格率（%）	基本（100%）	基本（≥99%）	一般（≥99%）	一般（≥99%）
	3	城市污水处理（%）	基本（≥85%）	基本（≥80%）	一般（≥80%）	一般（≥80%）
	4	城市生活垃圾无害化处理率（%）	基本（≥90%）	基本（≥80%）	一般（≥80%）	一般（≥80%）
	5	城市道路完好率（%）	一般（≥98%）	一般（≥95%）	一般（≥95%）	一般（≥95%）
	6	城市主干道平峰期平均车速	一般（≥40km/h）	一般（≥35km/h）	一般（≥35km/h）	一般（≥35km/h）

《国家园林城市标准》、《国家园林城镇标准》、《国家园林县城标准》和《国家生态园林城市标准》则在《城市园林绿化评价标准》的基础上，进一步规范

了高质量的城市绿地系统的等级和标准体系。其中，国家园林城市、国家园林城镇和国家园林县城是针对不同规模等级的城市，根据相应标准评选出的分布均衡、结构合理、功能完善、景观优美、人居生态环境清新舒适、安全宜人的城市，其评价更侧重于城市的园林绿化指标；国家生态园林城市的创建则是在此基础上进一步提升城市绿地和绿化建设品质，其评估更注重城市的生态环境质量。这四类城市（镇）均须对照《城市园林绿化评价标准》（GB/T 50563—2010）进行等级评价并达到Ⅱ级以上（含Ⅱ级）（表2-4）。

可见，《城市用地分类与规划建设用地标准》侧重于对城市绿地的数量指标的调控，《城市园林绿化评价标准》（GB/T 50563—2010）则对城市绿地的数量和质量指标都进行了指导性设置，而《国家园林城市标准》、《国家园林城镇标准》、《国家园林县城标准》和《国家生态园林城市标准》更是对高品质的城市绿地和绿化建设指标进行了明确的数量和质量界定。但对于所有标准而言，最为核心的是绿地总量控制指标，即建成区绿地率、建成区绿化覆盖率和城市人均公园绿地面积（表2-5）。

2.1.2 分类与布局

不同类型的城市绿地建设方式不同，其所承载的具体功能也不相同。因此，城市中不同类型的绿地须根据其服务功能，与相应的其他用地配套布局，构建科学合理的城市布局。

与城市总体规划配套的城市绿地系统专业规划对于城市绿地的类型区分较为简单。现行的《城市用地分类与规划建设用地标准》（GB 50137—2011）在城市建设用地层面采用大类"绿地与广场用地"和中类"公园绿地"、"防护绿地"、"广场用地"对城市绿地类型做了简单区分。

对于城市绿地系统专项规划，2002年实施的《城市绿地系统规划编制纲要（试行）》，将城市绿地系统规划分为"市域大环境绿地空间的规划布局"和"城市各类园林绿地的规划建设"2个空间层次。其中，市域是"城市行政管辖的全部地域"[①]，因此"市域绿地"是城市行政管辖的全部地域内的绿地，涵盖了市区、市郊所有自然或人工的绿化区域。在这一空间层次上，目前我国尚缺乏基本的绿地分类标准[②]和进行编制的某些基本条件[③]。而"城市园林绿地"则在

① 《城市规划基本术语标准》（GB/T 50280—98）.
② 殷柏慧. 城乡一体化视野下的市域绿地系统规划[J]. 中国园林，2013（11）：76-79.
③ 徐波. 城市绿地系统规划中市域问题的探讨[J]. 中国园林，2005（3）：69-72.

国家园林城市、国家园林城镇、国家园林县城和国家生态园林城市达标要求

表2-4

指标类型	指标序号	指标	国家园林城市要求			国家生态园林城市否决项	国家园林城镇要求			国家园林县城要求		
			基本项	提升项	国家园林城市否决项		计分项	提升项	否决项	计分项	提升项	否决项
综合管理	1	城市园林绿化管理机构*	√	—	—	—	√	—	—	√	—	—
	2	城市园林绿化建设维护专项资金*	√	—	—	—	√	—	—	√	—	—
	3	城市园林绿化科研能力*	√	—	—	—	√	—	—	√	—	—
	4	《城市（镇/县城）绿地系统规划》编制*	√	—	√	√	—	—	—	—	—	√
	5	城市绿线管理*	√	—	√	√	—	—	—	—	—	√
	6	城市蓝线管理	√	—	—	—	√	—	—	√	—	—
	7	城市园林绿化制度建设*	√	—	—	—	√	—	—	√	—	—
	8	城市园林绿化管理信息技术应用	√	—	—	√	—	—	—	√	—	—
	9	公众对城市/县城园林绿化的满意率（%）*	≥80%	≥90%	—	—	—	—	—	≥85%	—	—
绿地建设	1	建成区绿化覆盖率（%）*	≥36%	≥40%	—	—	≥36%	—	—	≥38%	—	—
	2	建成区绿地率（%）*	≥31%	≥35%	—	≥31%	—	—	≥31%	—	—	√ ≥33%
	3	城市人均公园绿地面积* 人均建设用地小于80m²的城市	≥7.50m²/人	≥9.50m²/人	—	—	—	—	—	—	—	—
		人均建设用地80~100m²的城市	≥8.00m²/人	≥10.00m²/人	—	≥9.00m²/人	—	—	≥9.00m²/人	—	—	≥9.00m²/人
		人均建设用地大于100m²的城市	≥9.00m²/人	≥11.00m²/人	—	—	—	—	—	—	—	—

续表

指标类型	指标序号	指标	国家园林城市要求				国家园林城镇要求			国家园林县城要求		
			基本项	提升项	国家园林城市否决项	国家生态园林城市否决项	计分项	提升项	否决项	计分项	提升项	否决项
绿地建设	4	建成区绿化覆盖面积中乔、灌木所占比率（%）*	√ ≥60%	√ ≥70%	—	—	—	—	—	—	—	—
	5	城市各城区绿地率最低值*	√ ≥25%	—	—	—	—	—	—	—	—	—
	6	城市各城区人均公园绿地面积最低值*	√ ≥5.00m²/人	—	—	√	—	—	—	—	—	—
	7	公园绿地服务半径覆盖率（%）*	√ ≥70%	√ ≥90%	—	√	—	—	—	√ ≥80%	—	—
	8	万人拥有综合公园指数*	√ ≥0.06	√ ≥0.07	—	—	—	—	—	√	—	—
	9	城市道路绿化普及率（%）*	√ ≥95%	√ ≥100%	—	—	≥85%	—	—	√ ≥95%	—	—
	10	城市新建、改建居住区绿地达标率（%）*	√ ≥95%	√ ≥100%	—	—	—	—	—	√ ≥95%	—	—
	11	城市公共设施绿地达标率（%）*	√ ≥95%	—	—	—	—	—	—	—	—	—
	12	城市防护绿地实施率（%）*	√ ≥80%	√ ≥90%	—	—	—	—	—	√ ≥80%	—	—
	13	生产绿地占建成区面积比率（%）*	√ ≥2%	—	—	—	—	—	—	—	—	—
	14	城市道路绿地达标率（%）*	√ ≥80%	—	—	—	√ ≥80%	—	—	√ ≥80%	—	—

城市绿地和绿化低碳化的建设规划指南

续表

指标类型	指标序号	指标	国家园林城市要求 基本项	国家园林城市要求 提升项	国家园林城市否决项	国家生态园林城市否决项	国家园林城镇要求 计分项	国家园林城镇要求 提升项	国家园林城镇要求 否决项	国家园林县城要求 计分项	国家园林县城要求 提升项	国家园林县城要求 否决项
绿地建设	15	大于40hm²的植物园数量*	√ ≥1	—	—		—	—	—	—	—	—
	16	林荫停车场推广率（%）*	√ ≥60%	—	—		—	—	—	—	√ ≥60%	—
	17	河道绿化普及率（%）*	√ ≥80%	—	—		√ ≥80%	—	—	√ ≥85%	—	—
	18	受损弃置地生态与景观恢复率（%）*	√ ≥80%	—	—		—	—	—	—	√ ≥80%	—
建设管控	1	城市园林绿化综合评价值*	√ ≥8	√ ≥9	—		—	—	—	—	—	—
	2	城市公园绿地功能性评价值*	√ ≥8	√ ≥9	—		—	—	—	—	—	—
	3	城市公园绿地景观性评价值*	√ ≥8	√ ≥9	—		—	—	—	—	—	—
	4	城市公园绿地文化性评价值*	√ ≥8	√ ≥9	—		—	—	—	—	—	—
	5	城市道路绿化评价值*	√ ≥8	√ ≥9	—		—	—	—	—	—	—
	6	公园管理规范化率（%）*	√ ≥90%	√ ≥95%	—		√	—	—	√	—	—
	7	古树名木保护率（%）*	√ ≥95%	100%	—		√	—	100%	100%	—	—
	8	节约型绿地建设率（%）*	√ ≥60%	√ ≥80%	—		√	—	—	√	—	—

续表

指标类型	指标序号	指标	国家园林城市要求 基本项	提升项	国家园林城市否决项	国家生态园林城市否决项	国家园林城镇要求 计分项	提升项	否决项	国家园林县城要求 计分项	提升项	否决项
建设管控	9	立体绿化推广*	√	—	—	—	—	—	—	—	√	—
	10	城市"其他绿地"控制*	√	—	—	—	√	—	—	—	√	—
	11	生物防治推广率（%）*	≥50%	—	—	—	—	≥50%	—	—	≥50%	—
	12	公园绿地应急避险场所实施率（%）*	≥70%	—	—	—	—	—	—	—	≥70%	—
	13	水体岸线自然化率（%）*	≥80%	—	—	—	—	—	—	≥80%	—	—
	14	城市历史风貌保护*	√	—	—	—	√	—	—	√	—	—
	15	风景名胜区、文化与自然遗产保护与管理*	√	—	—	—	√	—	—	√	—	—
	16	公园绿地建设与管理#	—	—	—	—	√	—	—	—	—	—
	17	绿地系统规划执行和建设管理*	—	—	—	—	√	—	—	√	—	—
	18	近三年小区、公共设施等附属绿地达标建设#	—	—	—	—	√	—	—	—	—	—
	19	新建、改建、扩建公园绿地中硬质铺装实施率（%）*	—	—	—	—	—	—	—	—	√	—
	20	绿地管控#	—	—	—	—	√	—	—	√	—	—
	21	大树移植、行道树种更换等控制管理*	—	—	—	—	—	—	—	—	—	—
生态环境	1	年空气污染指数小于或等于100的天数*	≥240天	≥300天	—	—	—	—	—	≥255天	—	—
	2	地表水Ⅳ类及以上水体比率（%）*	≥50%	100%	—	—	≥50%	—	—	≥60%	—	—

续表

指标类型	指标序号	指标	国家园林城市要求				国家园林城镇要求			国家园林县城要求		
			基本项	提升项	国家园林城市否决项	国家生态园林城市否决项	计分项	提升项	否决项	计分项	提升项	否决项
生态环境	3	区域环境噪声平均值*	√ ≤56.00dB(A)	√ ≤54.00dB(A)	—	—	—	—	—	√ ≤56.00dB(A)	—	—
	4	城市热岛效应强度*	√ ≤3.0℃	√ ≤2.5℃	—	—	—	—	—	—	—	—
	5	本地木本植物指数*	√ ≥0.8	√ ≥0.9	—	—	—	√ ≥0.70	—	—	√ ≥0.70	—
	6	生物多样性保护*	√	—	—	—	√	—	—	—	√	—
	7	城市湿地资源保护*	√	—	—	—	—	√	—	—	√	—
	8	自然资源保护#	—	—	—	—	—	—	—	—	—	—
	9	自然生态保护*	—	—	—	—	—	—	—	√	—	—
节能减排	1	北方采暖地区住宅供热热计量收费比例(%)	√ ≥25%	√ ≥35%	—	—	—	—	—	√ ≥25%	—	—
	2	节能建筑比例(%) — 严寒及寒冷地区	√ ≥40%	√ ≥50%	—	—	—	√	—	√ ≥40%	—	—
		节能建筑比例(%) — 夏热冬冷地区	√ ≥35%	√ ≥45%	—	—	—	—	—	√ ≥35%	—	—
		节能建筑比例(%) — 夏热冬暖地区	√ ≥30%	√ ≥40%	—	—	—	—	—	√ ≥30%	—	—
	3	可再生能源使用比例(%)	—	√ ≥10%	—	—	—	√	—	—	—	—
	4	单位GDP工业固体废物排放量(kg/万元)	—	√ ≤25	—	—	—	—	—	—	—	—

指标类型	指标序号	指标	国家园林城市要求				国家园林城镇要求			国家园林县城要求		
			基本项	提升项	国家园林城市否决项	国家生态园林城市否决项	计分项	提升项	否决项	计分项	提升项	否决项
节能减排	5	城市工业废水排放达标率（%）	—	≥80%	—	—	√ ≥90%	—	—	√ 100%	—	—
	6	城市再生水利用率（%）	—	≥30%	—	—	—	√	—	—	√ ≥20%或年增长率≥5%	—
市政设施	1	城市容貌评价值*/镇容镇貌	√ ≥8.00	√ ≥9.00	—	—	√	—	—	√	—	—
	2	城市管网水检验项目合格率（%）*	≥99%	100%	—	—	√ ≥95%	—	—	√ ≥95%	—	—
	3	城市污水处理（%）*	≥80%,且不低于申报年全国设市城市平均值	≥90%,且不低于申报年全国设市城市平均值	√	√	√ ≥50%	污泥处理处置率≥40%	—	√ ≥80%	污泥处理处置率≥40%	√
	4	城市生活垃圾无害化处理率（%）*	√ ≥80%	√ ≥90%	√	√	—	√	√ ≥90%	—	√	√ ≥90%
	5	城市道路完好率（%）*	≥95%	≥98%	—	—	√	—	—	√ ≥95%	—	—
	6	城市主干道平峰期平均车速*	≥35.00(km/h)	≥40.00(km/h)	—	—	—	√	—	√	√	—
	7	城市市政基础设施安全运行	√	—	—	—	—	—	—	√	—	—

续表

指标类型	指标序号	指标	国家园林城市要求				国家园林城镇要求			国家园林县城要求		
			基本项	提升项	国家园林城市否决项	国家生态园林城市否决项	计分项	提升项	否决项	计分项	提升项	否决项
市政设施	8	城市排水	—	√	—	—	—	—	—	—	—	—
	9	城市景观照明控制	—	√	—	—	—	—	—	—	—	—
	10	城镇建设特色#	—	—	—	—	√	—	—	—	—	—
	11	城镇供水#	—	—	—	—	√	—	—	—	—	—
	12	公共供水用水普及率（%）*	—	—	—	—	√	—	—	√	—	—
人居环境	1	社区配套设施建设	√	—	—	—	—	—	—	—	—	—
	2	棚户区、城中村改造	√	—	—	—	—	—	—	—	—	—
	3	林荫路推广率（%）	≥70%	≥85%	—	√	≥60%	—	—	≥60%	—	—
	4	绿色交通出行分担率（%）	—	≥70%	—	—	—	—	—	—	—	—
	5	步行、自行车交通系统规划建设	√	√	—	—	—	—	—	—	—	—
社会保障	1	住房保障率（%）	√ ≥80%	√ ≥85%	—	—	—	—	—	—	—	—
	2	保障性住房建设计划完成率（%）	100%	—	—	—	—	—	—	—	—	—
	3	无障碍设施建设	√	—	—	—	√	—	—	—	—	—
	4	社会保险基金征缴率（%）	—	√ ≥90%	—	—	—	—	—	√	—	—
	5	城市最低生活保障	—	—	—	—	—	—	—	—	—	—

注：* 为《城市园林绿化评价标准》中提到的指标；# 为仅在《国家园林城镇标准》指标体系中出现的指标；* 为仅在《国家园林县城标准》指标体系中出现的指标。

城市绿地建设达标的核心数量指标控制　　　　　　　　表 2-5

城市绿地建设达标类型	建成区绿地率（%）	建成区绿化覆盖率（%）	城市人均公园绿地面积（m²）		
			人均建设用地小于80m²的城市	人均建设用地80~100m²的城市	人均建设用地大于100m²的城市
城市总规下限指标要求	—	—	≥ 8.00m²/人		
国家园林城市	≥ 31%	≥ 36%	≥ 7.5m²/人	≥ 8.00m²/人	≥ 9.00m²/人
国家园林城镇	≥ 31%	≥ 36%	≥ 9.00m²/人		
国家园林县城	≥ 33%	≥ 38%	≥ 9.00m²/人		
国家生态园林城市	≥ 35%	≥ 40%	≥ 9.5m²/人	≥ 10.00m²/人	≥ 11.00m²/人

与《纲要》配套实施的《城市绿地分类标准》（CJJ/T 85—2002）中有条文解释，指其"包含 2 个层次的内容：一是城市建设用地范围内用于绿化的土地；二是城市建设用地之外，对城市生态、景观和居民休闲生活具有积极作用、绿化环境较好的区域"，并对其做了详细的分类规定。因此，城市绿地系统的规划重点是"城市各类园林绿地的规划建设"，通常对接 2006 年的新版《城市规划编制办法》中"城市总体规划包括市域城镇体系规划和中心城区规划"的要求，以城市中心城区的范围来界定其空间区域，依据《城市绿地分类标准》（CJJ/T 85—2002）进行分类规划。但由于"中心城区"的空间界定具有一定的不确定性[1]，且《园林基本术语标准》（CJJ/T 91—2002）中定义"广义的城市绿地，指城市规划区范围内的各种绿地"，因此"城市各类园林绿地的规划建设"对接城市规划区更具有可操作性，但其具体分类还有待进一步规范[2]。图 2-4 是对城市中系列空间层次及其关系的图解。

《城市绿地分类标准》（CJJ/T 91—2002）同样采用大、中、小类三个层次的分类体系，按城市绿地的实际使用功能将其分为公园绿地、生产绿地、防护绿地、附属绿地、其他绿地 5 大类，进而按照级别、形态、空间位置等特征细分成 13 中类、11 小类（图 2-5）。其中公园绿地和绝大部分的防护绿地、附属绿地可归入城市建设用地进行用地核算，而一部分防护绿地、附属绿地以及生产绿地和其他绿地则属于区域交通设施用地，区域公用设施用地、农林用地、其他建设用地等。

---

① 段德罡，黄博燕．中心城区概念辨析[J]．现代城市研究，2008（10）：20-24．

② 熊和平，陈新．城市规划区绿地系统规划探讨[J]．中国园林，2011（1）：11-16．

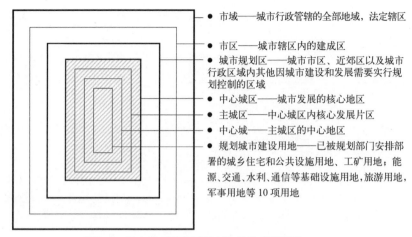

- 市域——城市行政管辖的全部地域，法定辖区
- 市区——城市辖区内的建成区
- 城市规划区——城市市区、近郊区以及城市行政区域内其他因城市建设和发展需要实行规划控制的区域
- 中心城区——城市发展的核心地区
- 主城区——中心城区内核心发展片区
- 中心城——主城区的中心地区
- 规划城市建设用地——已被规划部门安排部署的城乡住宅和公共设施用地、工矿用地；能源、交通、水利、通信等基础设施用地，旅游用地，军事用地等10项用地

图2-4 城市中系列空间层次及其关系的图解

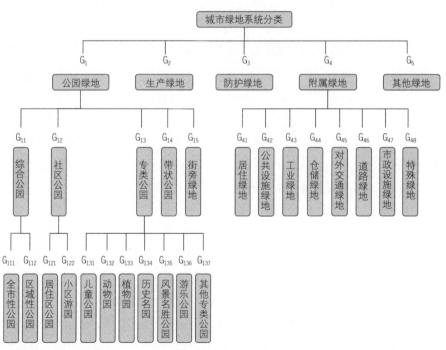

图2-5 现行的城市绿地行业分类体系[根据《城市绿地分类标准》（CJJ/T 91—2002）]

在规划编制中通常遵循以下布局原则：

- 公园绿地主要服务于公众游憩，因此分布均匀而合理是其布局的主要考量因素（图 2-6）；

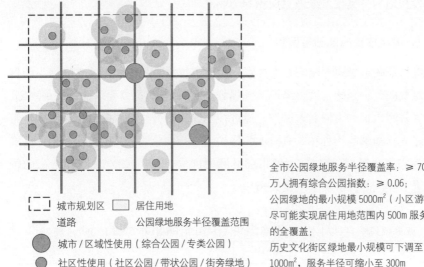

图例：

- - - 城市规划区　　□ 居住用地
- —— 道路　　　　　　公园绿地服务半径覆盖范围
- 城市/区域性使用（综合公园/专类公园）
- 社区性使用（社区公园/带状公园/街旁绿地）

全市公园绿地服务半径覆盖率：≥ 70%；
万人拥有综合公园指数：≥ 0.06；
公园绿地的最小规模 5000㎡（小区游园），
尽可能实现居住用地范围内 500m 服务半径
的全覆盖；
历史文化街区绿地最小规模可下调至
1000㎡，服务半径可缩小至 300m

图2-6　公园绿地布局要求

● 生产绿地是为城市绿化提供苗木、花草、种子的苗圃、花圃、草圃等圃地，通常在城市建设用地之外择地配置，应占城市建成区面积的 2%以上，从而能够真正担负起保持城市园林绿化用苗的抚育需要；

● 防护绿地是城市中具有卫生、隔离和安全防护功能的绿地，应结合城市格局和产业结构进行合理排布，通常在工业用地周边、高压走廊沿线及具潜在自然灾害的区域布置；

● 附属绿地是城市建设用地中绿地之外各类用地中的附属绿化用地，在相关用地内配置，由相关用地中的绿地率指标控制，如新建居住区的绿地率不应低于 30%，旧居住区改建的绿地率不宜低于 25%，园林景观路绿地率不得小于 40%，红线宽度大于 50m 的道路绿地率不得小于 30%，红线宽度在40m ～ 50m 的道路绿地率不得小于 25%，红线宽度小于 40m 的道路绿地率不得小于 20%；

● 其他绿地是对城市生态环境质量、居民休闲生活、城市景观和生物多样性保护有直接影响的绿地，包括风景名胜区、水源保护区、郊野公园、森林公园、自然保护区、风景林地、城市绿化隔离带、野生动植物园、湿地、垃圾填埋场恢复绿地等，对于形成城乡环境一体化的绿地格局、改善城市的生态环境意义重大，因此，"其他绿地"的布局重在考量绿地的联通格局；由于"其他绿地"主要分布在城市建成区以外，通常不应纳入城市绿地率的统计；如有必要纳入统计，则纳入统计的"其他绿地"应与城市建设用地相毗邻，且面积也不应超过建设用地内各类城市绿地总面积的 20%。

2.1.3　绿化植物的规划与保护

植物是城市绿地营建的基本要素，对其进行规划和保护是城市绿地系统规划的重要内容。因此，《城市绿地系统规划编制纲要(试行)》要求进行树种规划、生物多样性保护和古树名木保护，通过控制绿化树种结构、提供生物多样性策略、建立珍稀濒危物种和既有树木的保护清单，倡导地带性植被的运用，落实城市生态安全管理。对此，《城市园林绿化评价标准》(GB/T 50563—2010)中设置了相应的评价要求（表 2-6）。

城市绿化树种、生物多样性和古树名木保护相关评价标准（根据 GB/T 50563—2010）　表 2-6

评价指标	指标内容	评价等级	评价要求	评价标准
古树名木保护率	包括古树名木的建档和存活两项内容	Ⅰ级	基本项	树种鉴定正确率达 95% 以上，各项调查因子误差小于 5%，树种及株数漏登率小于 5%；保护率 100%
		Ⅱ级	基本项	树种鉴定正确率达 95% 以上，各项调查因子误差小于 5%，树种及株数漏登率小于 10%；保护率 ≥ 95%
		Ⅲ级	基本项	树种鉴定正确率达 95% 以下、90% 以上，各项调查因子误差小于 10%，树种及株数漏登率小于 10%
		Ⅳ级	基本项	树种鉴定正确率达 95% 以下、90% 以上，各项调查因子误差小于 10%，树种及株数漏登率小于 10%
本地木本植物指数	要求纳入建成区木本植物种类统计的每种植物应符合在建成区种植数量不小于 50 株	Ⅰ级	基本项	≥ 0.90
		Ⅱ级	一般项	≥ 0.80
		Ⅲ级	一般项	≥ 0.70
		Ⅳ级	一般项	≥ 0.70
生物多样性保护	①是否进行城市生物资源的本底调查；②是否编制《生物多样性保护规划》和实施措施；③强调生物多样性保护的实施效果	Ⅰ级	基本项	①已完成不小于城市市域范围的生物物种资源普查；②已制定《城市生物多样性保护规划》和实施措施
		Ⅱ级	一般项	①已完成不小于城市市域范围的生物物种资源普查；②已制定《城市生物多样性保护规划》和实施措施
		Ⅲ级	一般项	—
		Ⅳ级	一般项	—

2.2 城市绿地低碳化建设进程

2.2.1 低碳试点城市建设绩效

目前，我国低碳建设试点已经基本在全国全面铺开，已经确定的6个低碳试点省区和36个低碳试点城市已覆盖了除湖南、宁夏、西藏和青海以外的各个地区。按照国家发改委的要求，试点的具体任务包括5个方面：[①]

● 编制低碳发展规划，明确提出控制温室气体排放的行动目标、重点任务和具体措施；

● 制定支持低碳绿色发展的配套政策，鼓励试点地区探索有效的政府引导和经济激励政策；

● 加快建立以低碳排放为特征的产业体系，结合当地产业特色和发展战略，加快低碳技术创新，推进低碳技术研发、示范和产业化，积极运用低碳技术改造提升传统产业，加快发展低碳建筑、低碳交通，培育壮大节能环保、新能源等战略性新兴产业；

● 建立温室气体排放数据统计和管理体系，包括建立完整的数据收集和核算系统以及建设温室气体统计核算体系机构和人员能力；

● 积极倡导低碳绿色生活方式和消费模式，提高领导干部在决策、执行等环节对气候变化问题的重视程度和认识水平，并通过宣传教育普及活动，鼓励低碳生活方式和行为，推广使用低碳产品，弘扬低碳生活理念，推动全民广泛参与和自觉行动。

在国家发改委的统一要求下，所有试点都制定了"低碳试点工作实施方案"以及多项低碳相关的专项规划，设定了减碳的量化目标，并在产业体系低碳化、能源结构调整、低碳交通、低碳建筑、低碳生活、碳汇能力建设、建立及完善低碳发展机制体制等7个方面开展建设工作；其中，增加碳汇能力的工作主要是增加林业碳汇、城乡绿化以及生态保护与修复，而城乡绿化工作包括城市和乡村的绿地和公园建设（图2-7）。[②]

试点省市地处国家东、中、西部不同区域，发展水平不同，单位GDP二氧化碳强度平均水平和人均二氧化碳排放量与全国平均水平相当（图2-8），代表性较强。整体而言，量化指标方面，各试点省市的减碳目标设置基本与国

① 王贺礼,廖晓惠,席细平.关于开展低碳发展试点的思考[J].能源研究与管理,2012（4）：1-4.
② 赵慧.低碳城市内涵：基于中国实践的分析[J].未来与发展,2014（12）：7-13.

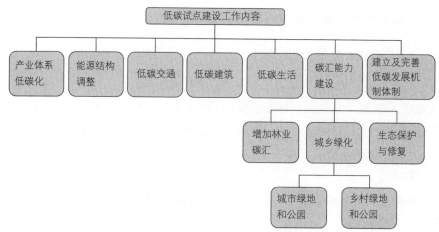

图2-7 低碳试点工作与城市绿地建设

家整体目标保持一致，部分地区略高于国家指标[1]；但由于试点的意义主要在于试验，而非检验与考核，绩效尚不明显。2011年十一届全国人大四次会议审议通过的《国民经济和社会发展第十二个五年规划纲要》要求，"十二五"期间将单位 GDP 能源消耗降低 16%、单位 GDP 二氧化碳排放降低 17%、非化石能源占一次能源消费比重达到 11.4% 作为约束性指标。除去 4 个直辖市，大部分低碳试点城市（28 个）的 2015 年单位 GDP 二氧化碳排放强度节能目标高于所在省份的目标。但是，尽管单位 GDP 能耗预期下降 [图 2-9 (a)]，由于经济总量保持上升趋势，人均二氧化碳排放仍会上升 [图 2-9 (b)]。而就 2011 年数据，绝大多数试点城市的人均二氧化碳排放量已高于欧盟国家平均水平（7.5 吨 CO_2/ 人），上海等 17 个城市的人均二氧化碳排放量已超过美国平均水平（17.3 吨 CO_2/ 人）（图 2-10）。[2]

2014 年《中国低碳城市建设报告》评出了 2013 年度中国十大低碳城市，依次为合肥、广州、南京、福州、上海、青岛、大连、北京、济南、厦门。这十个城市中，其中仅广州、上海、青岛、北京和厦门五市是低碳试点城市或位于低碳试点省区，这也从一个侧面印证了我国城市的低碳建设刚起步，试点建设绩效尚不显著。

① 赵慧 . 低碳城市内涵：基于中国实践的分析 [J]. 未来与发展，2014（12）：7-13.
② 齐晔 . 中国低碳发展报告 [M]. 北京：社会科学文献出版社，2014.

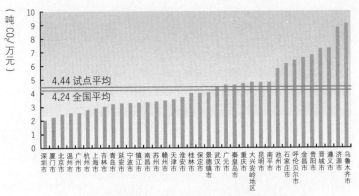

（a）2005~2010 年低碳试点城市单位 GDP 二氧化碳强度情况（均值）

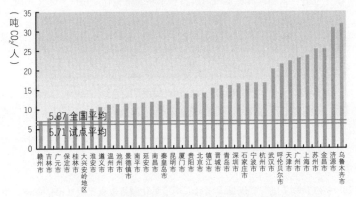

（b）2005~2010 年低碳试点城市人均二氧化碳排放情况（均值）

图2-8　试点省市碳排放量与全国平均水平比较（根据齐晔，2014[①]）

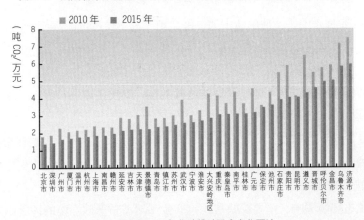

（a）单位 GDP 二氧化碳排放强度变化预计

图2-9　"十二五"末期低碳试点城市碳排放水平变化预计（根据齐晔，2014[①]）

---

① 齐晔 . 中国低碳发展报告 [M]. 北京：社会科学文献出版社，2014.

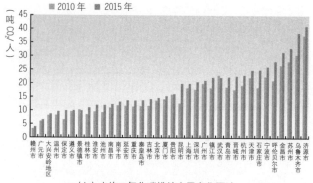

（b）人均二氧化碳排放水平变化预计

图2-9　"十二五"末期低碳试点城市碳排放水平变化预计（根据齐晔，2014①）续

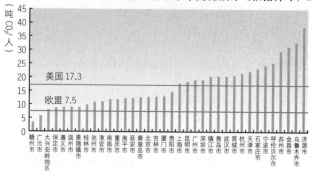

图2-10　2011年欧盟和美国与我国低碳试点人均二氧化碳排放量比较（根据齐晔，2014①）

2.2.2　2013年度十大低碳城市的绿地建设

2013年度中国十大低碳城市的评价采用了五类考核指标：

● 城市经济社会特征，主要包括城市经济实力、产业结构、能源消耗，城市单位GDP能耗等；

● 基础设施建设，主要包括城市路网特征，居民主要出行方式、城市绿化情况，城市环境净化能力等；

● 城市能源消耗特征，主要包括城市煤、天然气、水、石油液化气的使用情况；

● 城市交通运输特征，包括客运及货运总量、公路货运所占比例、城市的交通运输系统使用情况以及居民私人小汽车使用量等；

● 城市环境影响，主要反映居民生产生活对城市低碳环境的评价以及作出的努力等。

城市绿地和绿化的建设仅作为基础设施的一项参与考核。通过表2-7，按

① 齐晔．中国低碳发展报告[M]．北京：社会科学文献出版社，2014．

表2-7[①]

2013 年度中国十大低碳城市绿地建设指标[②]和等级

城市	城区人口（万人）	市区面积（km²）	城区面积（km²）	建成区面积（km²）	建设用地面积（km²）	绿地与广场用地率（km²）	城市公园绿地面积（ha）	公园个数（个）	公园面积（ha）	园林绿化建设投资额（市政建设口）（亿元）	绿地面积（ha）	建成区绿地面积（ha）	绿化覆盖面积（ha）	建成区绿化覆盖面积（ha）	人均建设用地面积（m²）*	建成区绿地率%	建成区绿化覆盖率%	人均公园绿地面积（m²）*	是否获"国家园林城市"*
全国	—	—	—	—	—	—	—	—	—	—	—	—	—	—	124.97	35.93	39.86	14.52	—
合肥	205.95	1126.63	777.03	393.00	364.04	51.38	3890.00	50	2311.00	8.99	14556	14065.00	16683.00	16460.00	176.76	35.79	41.88	18.89	√
广州	539.29	3843.43	1395.52	1023.63	687.80	26.79	21165.00	239	5141.00	0.49	131444	36496.00	142240.00	41983.00	127.54	35.65	41.01	39.25	√
南京	567.11	6588.54	4226.41	713.29	708.12	83.13	8725.00	110	6548.00	72.70	86117	28486.00	93503.00	31425.00	124.86	39.94	44.06	15.39	√
福州	192.76	1786.00	1043.00	248.12	226.90	18.60	2954.00	74	2950.00	14.01	10580	9750.00	11227.00	10594.00	117.71	39.30	42.70	15.32	√
上海	2415.15	6340.50	6340.50	998.75	2915.56	189.61	17142.00	158	2222.00	32.25	124295	33807.00	134904.00	38312.00	120.72	33.85	38.36	7.10	√
青岛	318.80	3231.20	1963.20	469.56	202.77	14.53	4649.00	87	2698.00	18.38	28007	18647.00	30627.00	20992.00	63.60	39.71	44.71	14.58	√
大连	301.20	2567.00	1170.00	395.50	388.65	37.85	3627.00	73	1644.00	3.10	18301	17280.00	18719.00	17698.00	129.03	43.69	44.75	12.04	√
北京	1825.10	16410.00	12187.00	1306.45	1504.79	—	23223.00	245	13294.00	94.96	68438	68438.00	70111.00	70111.00	82.45	52.38	53.67	12.72	√
济南	296.00	3257.00	1210.00	371.67	371.67	36.23	3094.00	35	2414.00	10.42	12858	12858.00	14494.00	14494.00	125.56	34.60	39.00	10.45	√
厦门	159.69	1569.00	281.61	281.60	281.60	30.52	3244.00	91	2323.00	11.88	17591	10515.00	18878.00	11783.00	176.34	37.34	41.84	20.31	√

注： * 为根据年鉴数据计算得出。其中 "建成区绿地率" 城市规划标准为 I 级 35%/ II 级 31%/ III 、 IV 级 29%； "建成区绿化覆盖率" 城市规划标准为 I 级 40%/ II 级 36%/ III 、 IV 级 34%； "人均公园绿地面积" 城市规划标准为 I 级 9.5~11.0m²/ II 级 7.5~9.0m²/ III 、 IV 级 6.5~7.5m²。

① 中华人民共和国住房和城乡建设部．中国城市建设统计年鉴 2013 (M)．北京：中国统计出版社，2014.

照现行城市绿地系统规划的相关规范和标准考察这十大低碳城市的绿地和绿化建设情况，可以大致衡量目前中国低碳化建设领先的城市中，城市绿地系统建设的基本水平：从按城区人口核算的人均用地指标看，十大低碳城市的"人均建设用地面积"与全国城市的平均水平基本持平（甚至还略低0.41%），而其"建成区绿地率"、"建成区绿化覆盖"、"人均公园绿地面积"则分别高出全国城市的平均水平的9.17%、8.37和14.36%。这在一定程度上印证了绿化规模水平对于城市低碳化建设的作用。

然而，具体考察单个城市，可以发现就最为重要的"建成区绿地率"指标而言，合肥、广州、上海、济南均低于全国城市的平均水平，而这4个城市分别位列十大低碳城市的第一、二、五、九位，且其中合肥、广州和济南的"人均建设用地面积"均高于全国城市的平均水平。这又提示了以单纯的绿化规模水平指征低碳化建设水平，会有相当的片面性。

2.2.3　中国城市绿地系统的低碳化建设探索

科学研究是构建科学知识、提出并达成共识、影响社会实践的有效途径。因此，中国城市绿地系统的低碳化建设探索，在相关研究领域也会有一个相对集中的反映。

目前，从相关研究的发表情况来看，这方面的探索只是刚刚起步。以"低碳"和"城市绿地"为主题词在中国知网（cnki.net）进行搜索，仅有112篇相关文献，均发表于2010年之后（图2-11），主要着眼于讨论建设意义和作用等理论基础、探讨建设策略和技术方法以及引介实践案例，鲜有实证层面的研究（表2-8）。而这些文献的关键词分布（图2-12），则提示了其研究在相当程度上是纳入在低碳城市规划建设的考量框架之下展开的。

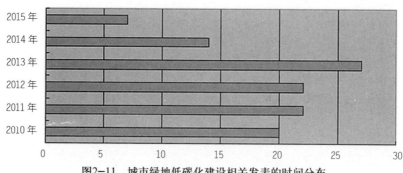

图2-11　城市绿地低碳化建设相关发表的时间分布

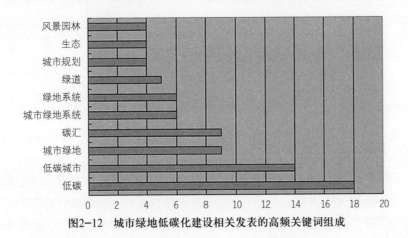

城市绿地低碳化建设的既有研究分析　　　　　　　　　表2-8

文献类型	理论研究		实践研究		
	理论基础	建设策略	技术方法	实践案例	实证研究
期刊论文	19	9	17	7	0
博士论文	3	0	3	1	1
会议论文	2	1	4	1	0
硕士论文	13	5	15	7	2
报纸	2	0	0	0	0
合计	39	15	39	16	3
	54		58		

图2-12　城市绿地低碳化建设相关发表的高频关键词组成

若进一步考察城市绿地低碳化建设研究对于现行规划体系的直接提升作用，以"低碳绿地"、"低碳绿化"与"等级"、"指标"、"分类"、"布局"、"植物"分别两两组合为主题词在中国知网（cnki.net）进行搜索，则仅有4篇文献针对低碳绿地建设的指标体系、绿化技术和植物应用开展了研究（表2-9）。

中国低碳城市绿地规划研究的主要文献　　　　　　　　表2-9

研究内容	相关文献
低碳绿地建设的指标体系	李贞. 珠江三角洲城乡绿色空间低碳建造指标及其生态转型发展的思考 [J]. 风景园林，2011（1）：72-77
低碳绿地建设的绿化技术和植物应用	郑中华，吴永波，张陆平，杨学军，陈杰，司慧萍. 低碳型社区绿化技术分析及展望 [J]. 中国城市林业，2010（3）：19-21
	朱江江，王晓红. 长株潭城市群低碳绿地建设中C4植物的应用初探 [J]. 中南林业科技大学学报，2011（7）：201-204
	王谨，柴昊淼，杨苏平，贾瑛，王永亮，陆小平. 苏州地区的极端低温对勋章菊景观应用的影响 [A]. 中国园艺学会观赏园艺专业委员会、国家花卉工程技术研究中心. 中国观赏园艺研究进展 2011 [C]. 银川，2011

其中，李贞认为，绿地的低碳建造概念主要包括三个层面：一是配置植物的高固碳效率，又称碳汇或碳氧平衡作用；二是绿地建造和维护的低耗能，即二氧化碳排放量少（绿地的可持续有赖于经营维护）；三是绿地的强生态效应，如植物配置和景观设计有利于增强降温、水土保持、减噪音、野生动物栖息等生态功能；绿地的低碳建造指标体系或评价标准应以此概念构建；在此基础上，还应对绿地的植被组成和结构的生态效应差别有所认知，并通过进一步的实验研究取得量化评价依据。她进而提出了绿地低碳建造指标（$GI_{低碳}$）的概念式：

$$GI_{低碳} = \frac{S_{i\,固碳量} \times P_i}{S_{j\,耗能量} \times P_j} \tag{1}$$

式中，$S_{i\,固碳量}$、$S_{j\,耗能量}$ 的指标和定义如图 2-13 所示，P_i，P_j 分别表示各种固碳建造因子和耗能建造因子的量值参数（或取该类景观面积比例或权重等，也是生态效益量化的表征值）。

郑中华等以绿地碳平衡理论为基础，分析得出低碳型社区绿化技术包括：适宜绿化植物选择技术、高固碳植物群落构建技术以及生态材料与节约型绿化技术（图 2-14）；并指出目前我国有关低碳型绿化技术的研究，尚处于起步阶段，需要借鉴节约型园林绿化、绿地植物碳汇评估和绿地土壤碳贮量等方面的研究成果；节约型园林绿化对低碳型绿化技术尤其具有重要的借鉴

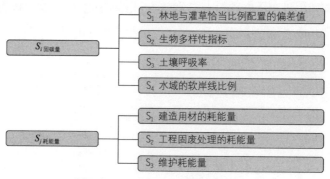

图2-13　$S_{i\,固碳量}$、$S_{j\,耗能量}$的指标和定义

作用①；此外，低碳绿化的实施还需要相关政策和条例的支持，政府部门应制订出低碳绿化条例，同时加大宣传力度，鼓励居民积极参与，以促进低碳绿化建设。基于高碳汇、节约型绿化建设的探索思路，朱江江等分析了净化能力强、适应性广、节水抗旱、高效率光合作用的 C4 植物②在高速公路绿地、岩石园绿地、屋顶花园、草坪等四种典型环境绿地中的应用前景；王谨等则调查分析了在管理粗放（不浇水、不打药、不施肥、不修剪、不覆盖）情况下、极端低温对勋章菊的生长影响。

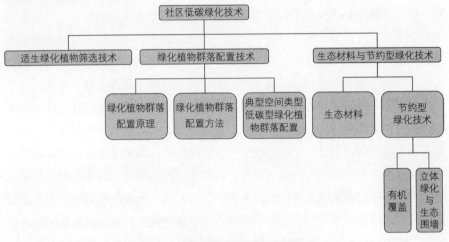

图2-14　低碳型社区绿化技术的构成

① 以低碳城市的相关研究为例，对植物方面的研究主要集中在节约型园林绿化、绿地植物碳汇评估和绿地土壤碳贮量等方面；尤其是节约型园林绿化的研究，可借鉴成果相对较多（表 2-10）。

针对低碳城市的植物相关研究　　　　　表 2-10

文献类型	节约型园林绿化研究	绿地植物碳汇评估研究	绿地土壤碳贮量研究	其他研究							
				植物景观	植物育种	绿化布局	屋顶绿化	植物生态	植物教学	植物应用	绿化创新
期刊论文	11	3	0	1	2	1	0	1	1	1	0
博士论文	0	1	1	1	0	1	0	0	0	0	0
会议论文	0	0	0	0	0	0	1	0	0	0	0
硕士论文	9	6	3	3	0	0	0	0	0	0	1
合计	20	10	4	5	2	2	1	1	1	1	1

② C4 植物，是指植物进行光合作用时，固定 CO_2 形成的第一个产物叫四碳糖化合物的一类植物。C4 植物共存在 20 个科中，如莎草科、禾本科、水鳖科、百合科、马齿苋科、石竹科、蓼科、苋科、藜科、紫茉莉科、番杏科、大戟科、萝藦科、旋花科、白花菜科、蒺藜科、紫花科、爵床科、玄参科、菊科，共 196 个属，约有 1342 种，以原产热带的禾本科为主，占 C4 植物的 75%。

2.3 问题分析

如果深入思考，目前城市绿地的规划实践体系和低碳化建设探索可反映出不少问题，值得进一步反思，以切实推进城市绿地的低碳化建设。

● 现有规划体系缺乏对低碳目标的指向

我国的低碳规划只是在近几年才开始进入城市规划编制领域，现有的规划体系尚未及对此作出充分的应对调整：绿地规划指标主要针对用地总量的控制，绿化质量指标中仅"节约型绿地建设率"、"本地木本植物指数"、"生物防治推广率"、"立体绿化推广"等个别的、约束力较弱的指标涉及对绿地减排方面的评价，而达标标准中的"节能减排"和"人居环境"类指标均针对建筑、工业、交通的节能减排目标设定；绿地的现行分类和布局考虑都是从功能使用的角度出发；植物重要的增汇作用未被突出，养护减排的实现也仅仅针对木本植物提出了本地化选种的要求。因此，低碳规划作为一种新的规划理念，如何融入现有规划体系仍是一个探讨议题①。从操作实施的角度来看，低碳规划将是对现有规范和标准的一次重大变革，必须在现行的规范和标准中引入低碳理念，将低碳核心要素纳入现行的标准体系，从而指导低碳化规划的管理、编制及建设实施。而变革成功的关键，应该在于准确把握现行规范和标准的核心架构，实现低碳核心要素的准确对接。随着我国低碳省区和低碳城市试点工作的积极推进，各种低碳规划的实践探索不断展开，鱼龙混杂，相应的规范和标准的研究制定迫在眉睫。

● 低碳城市建设实践对城市绿地低碳化建设的忽略

为了追求立竿见影的减排效果，当前低碳城市建设的试点实践重点关注的是宏观系统的整体减排目标，以及系统中碳排集中的能源、交通、建筑和生活行为的减排措施；相对次要的碳汇能力建设方面，最基础、最主要的工作是通过造林提高森林覆盖率，而非城乡绿化工作；至于城乡绿化，碳汇能力建设只是需要考虑的一个方面，除此之外，还需兼顾生态保护、休闲游憩、经济带动等多方位的功能。② 因此，城市绿地在现实的低碳城市建设实践中通常是必不可少但又不被真正重视的"陪衬"。然而，随着试点建设的不断深入推进，这种重点突破的工作方式势必会逐渐转向局部而广泛的优化改进。城市绿地作为

---

① 刘振 . 低碳生态规划在城市规划中的作用与实施探讨 [J]. 城市建筑，2014（1）：32.
② 赵慧 . 低碳城市内涵：基于中国实践的分析 [J]. 未来与发展，2014（12）：7-13.

系统核心部位的碳汇空间，在增汇的同时，自身的减排要求也不容忽视。

● 相关实践和研究未能与规划机制全面有效对接

当前的城市绿地系统规划，主要是通过绿地总量、类型布局及绿化结构的调控来达成建设目标。城市绿地的低碳化建设，如欲纳入现有规划体系，也必须从这 3 个层面切入。目前看来，低碳试点城市的建设实践，主要以宏观、简单的低碳指标核算为手段，缺乏在布局结构层面深入推进的手段；而城市绿地低碳化建设的相关研究本可为试点实践提供理论和方法基础，但因相关研究探索则刚刚起步，研究内容与规划实践的 3 个调控层面还未能全面、有效地对接：以对于城市绿地规划实践至关重要的低碳指标体系研究为例，李贞提出的绿地低碳建造指标（GI低碳）的概念式只具有理论的合理性，并不具备现实的可操作性；而在低碳城市研究领域虽然有大量关于低碳指标和指标体系的研究，但与城市绿地相关的指标仅限于当前城市绿地建设的核心数量指标，且并非是主要指标（表 2–11）。因此，亟需全面推进相关研究，尤其是面向实践应用的技术方法层面的研究，以及早形成系统有效的基础支撑，并及时引介到建设实践之中。

低碳城市研究中的指标体系及与城市绿地相关的低碳指标的频度分析统计表　表 2–11

指标体系	研究期刊总数	评价指标（指标层）	选择次数	选择频度（％）
低碳城市	30	森林覆盖率	13	43.33
		建成区绿化覆盖率、人均绿地面积	12	40.00
		绿地面积占城区总面积比例、绿化覆盖率、城市绿化覆盖率、市辖区人均绿地面积、造林总面积、城市绿化覆盖面积、建成区绿地覆盖率	1	3.33
低碳生态城市	11	森林覆盖率	5	45.45
		本地植物指数	4	36.36
		建成区绿化覆盖率、绿化覆盖率	3	27.27
		建成区绿地率、绿地率、城市绿化覆盖率、物种多样性	2	18.18
		绿地内植林地比例（碳氧转换）、绿色开敞空间连通度、自然保护地面积比重、立体绿化、人均公园绿地面积、自然保护区覆盖率、建成区内本地植物指数、人均绿地面积、屋顶绿化率、绿化屋顶面积比重、林木蓄积量	1	9.09

CHAPTER 3

第3章　重要的技术环节

　　基于低碳理念的城市绿地是以高碳汇、低碳排为特征的绿地形式。城市绿地和绿化的低碳化建设，是在满足城市绿地功能的前提下，以绿地的规划设计、施工建造、管理维护、日常使用和更新回收的整个生命过程为考量周期，从降低能源消耗、提高能源效率、增强碳汇功能入手，最大限度地降低每一个环节所需的碳成本及碳排放，以提升城市绿地的低碳功能[①]。其中，规划是建设发展的先导，通过绿地指标调控、布局优化、类型创新和种植方案改良，可以将一系列低碳绿地建设模式和技术融入绿地规划中，并进一步借助政府的调控政策和相关各方的建设行为落实到建设实践中，促进低碳绿地的建设发展。图3-1是城市绿地规划实践各个层面与低碳化建设的对接示意，从中衍生出一些重要的技术环节：

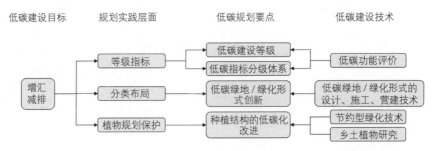

图3-1　城市绿地规划实践层次与低碳化途径的技术对接示意

　　● 低碳功能评价

　　从增碳汇、降碳排的根本目标出发，确切地进行城市绿地和绿化的低碳功能评价，对于衡量当前城市绿地和绿化的碳汇和碳排水平、权衡合理的低碳化建设目标、进而形成具体的低碳建设等级和分级指标体系，是十分关键的。

　　● 低碳绿地／绿化形式的创新和推广

　　基于增加绿地和绿化总量，增直接碳汇并减间接碳排，以及通过低维护绿化建设降直接碳排，需要突破用地总量瓶颈和现有成熟的设计－施工模式的阻力，意味着对绿地和绿化形式的创新。通过推进各种新的低碳绿地／绿化形式，如系列雨洪湿地、低碳立体绿化等，从绿地分类的变革入手，易于进行试点实践并便于获得研究支持，进而全面推进低碳化建设。

　　● 低碳绿化建设

　　植物作为基本要素，通过多层次的种植设计提升三维绿量以及借助节约型

---

① 王贞，万敏．低碳风景园林营造的功能特点及要则探讨 [J]．中国园林，2010 (6)：35-38.

绿化和乡土植物的理念整合各项专业技术实现养护减排，是低碳绿化建设的基本原则。

3.1 城市绿地和绿化的低碳功能评价

城市绿地对于低碳城市的作用主要体现在固碳释氧、降低园林自身的碳排放、降低城市热岛效应、减少建筑能耗、引导绿色交通、作为城市农业基地以及碳减排宣传和教育基地等方面[①]。其中固碳释氧是城市绿地系统对于低碳城市的最直接的碳汇贡献，其余方面的作用则是通过削减各种相关碳排、包括绿地自身的碳排和城市中其他相关的碳排来实现的。因此从根本上看，城市绿地系统的低碳功能包括碳汇和碳排两个方面。

无论是理论还是实测研究都表明，由于一定的植被每天代谢的空气量一定，在温室气体排放浓度较高的区域，植物代谢和固定 CO_2 的效率都会相应得到提高，因此在温室气体排放相对集中的城市地区，绿地植被相对于野外森林，从碳捕获和固定效率来说有事半功倍的作用[②]。然而，在当前的城市绿地建设中，因反复更新建设、设计违背自然、植物配置单一、材料选用浪费等过度强调景观效果的做法，既破坏了自然的水－绿生态效益，降低了绿地的碳汇功效，也大大增加了建设过程和后期维护的碳成本。所以，对于城市绿地碳汇和碳排性能进行确切的定量核算和评价，是客观认识当前城市绿地建设的碳汇和碳排水平、进一步推进城市绿地低碳化建设的必要前提。

然而，目前我国的城市绿地功能评价研究虽发展迅速，但在评价指标体系的研究中，少有涉及对绿地低碳功能的直接评价，因此相关的评价指标并不系统，而是散布于绿地生态功能、社会功能和综合功能的评价指标中（表 3-1），且缺乏基于定量分析和非权重模型的客观评价方法[③]。

与此同时，针对城市绿地的碳汇碳排研究相对较少：目前国内外学者对于城市绿地碳汇的研究集中在 2008 年以后 [图 3-2 (a)]，主要针对森林系统、集中在林业研究范畴 [图 3-2 (b)]；而城市绿地碳排研究则集中在 2010 年以

---

① 赵彩君，刘晓明. 城市绿地系统对于低碳城市的作用 [J]. 中国园林，2010 (6)：23-26.

② 周坚华，城镇绿地植被固碳量遥感测算模型的设计 [J]. 生态学报，2010 (4)：5653-5665.

③ 刘志强，洪亘伟. 我国城市绿地功能评价研究进展及展望 [J]. 生态经济，2012 (11)：36-39+50.

我国城市绿地功能评价指标频度分析统计表
(1994～2011 年)(根据：刘志强、洪亘伟, 2012[①]) 表 3-1

评价内容	研究期刊总数	评价指标		选择次数	选择频度(%)
		低碳功能相关指标	其他指标		
生态功能	9	—	净化空气、绿地结构	5	55.6
		固碳释氧、降温、乡土物种优势度	增湿、滞尘、生物多样性	3	33.3
		绿地率	降低噪音、绿地多样性	2	22.2
		绿量、绿色容积率、绿化植物结构、绿化覆盖率、人均绿地面积、人均公共绿地面积	防风固沙、蓄水保土	1	11.1
社会功能	9	—	季相变化、空间序列、人性空间	5	55.5
			观赏特性、艺术构图、构景层次、与其他园林要素协调、健康与安全状况、植物物种多样性、群落结构多样性	4	44.4
		可达性	—	3	33.3
		—	自然性、绿地空间多样性	2	22.2
		—	奇特性、典型度、立意、神秘性、珍稀物种、科研和历史价值、幽深度等	1	11.1
综合功能	10	固碳释氧、温度调节、绿地率	滞尘、降低噪声	3	30.0
		蒸腾吸热、人均绿地面积、吸收 CO_2、可达性、热岛比例	生物多样性、湿度调节、防风固沙、保育土壤、绿地景观破碎度、游憩价值、限制城市扩	2	20.0
		屋顶绿化率、公共绿地比例、乡土物种比例、绿化覆盖率、公园服务半径内的居民区和单位面积比例	服务盲区比例、服务人口比例、生物丰富度、斑块聚集度、斑块连接度、绿地保护水平、公众参与性、居民满意度、空气质量达标天数、噪声达标区覆盖率、绿地类型多样性、容纳避难人口数量、整体环境协调度、植物色彩鲜明度、周边土地升值潜力、旅游业产值增强潜力、绿地直接产出、改善城市形象、优化城市结构、文物保护价值、经济投入	1	10.0

后 [图 3-2 (c)]，主要着眼于能源消耗、侧重于绿化辅助建筑节能减排的方面 [图 3-2 (d)]。尽管如此，这些研究方法、经验以及定量研究结果，仍可为城市绿地的低碳功能评价研究提供借鉴。

① 刘志强，洪亘伟．我国城市绿地功能评价研究进展及展望 [J]．生态经济, 2012 (11)：36-39+50．

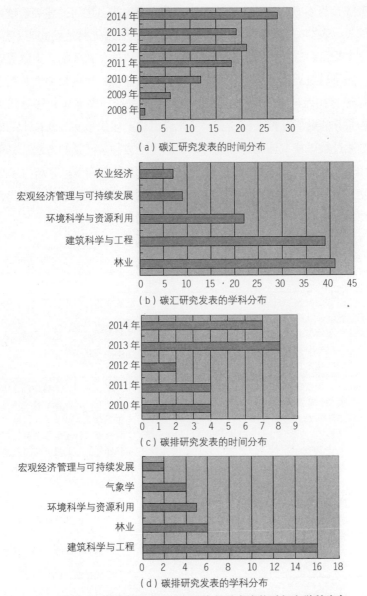

（a）碳汇研究发表的时间分布

（b）碳汇研究发表的学科分布

（c）碳排研究发表的时间分布

（d）碳排研究发表的学科分布

图3-2　城市绿地碳汇碳排研究相关发表的时间和学科分布

3.1.1　绿地碳汇计算

目前，城市绿地的碳汇计算研究主要集中在林业、建筑工程和环境研究这3个领域［参见图3-2（b）］。

在林业研究领域，碳汇研究主要针对碳储量占全球陆地碳库总储77%的森林生态系统，基本方法包括样地清查法、涡度相关法、应用遥感等新技术的模型模拟法等（表 3-2）。其中，样地清查法的计算思路主要是设立典型样地，收获、测定生物量，进而换算、统计生态系统中的植被、枯落物、土壤等碳库的碳贮量，并可通过连续观测来获知一定时期内的储量；涡度相关法是基于微气象学的原理直接对近地气流中输送的 CO_2 通量进行动态测定，估算陆地生态系统中物质和能量的交换，从而获得系统碳汇量；应用遥感等新技术的模型模拟法则是通过数学模型估算森林生态系统的生产力和碳储量的方法，目前利用遥感（RS）、地理信息系统（GIS）及全球定位系统（GPS）等新技术采集基础数据建立的大尺度碳通量过程（机制）模型相对比较成功。[①] 这些方法专业技术性强，设备要求较高，实践应用难度较大。

林业研究领域碳汇计算方法评析　　　　　　　　　　　表 3-2

碳汇计算方法	计算原理	需要的基础数据	优缺点
样地清查法	以实测数据的方法来统计生物量，在推算出生物量的基础上再乘以一个换算系数求得碳储量	森林生态系统中的植被、枯落物或土壤等碳库的碳贮量	这类方法测定较准确，应用普遍；但对现状植被会造成不同程度的破坏，且需要投入大量的人力物力
涡度相关法	通过测定二氧化碳浓度和空气湍流来推测地球与大气间碳的净交换	二氧化碳浓度和空气湍流，测定需要借助灵敏度较高的三维超声风速仪、开/闭路式红外 CO_2/H_2O 气体分析仪以及温湿度计等精密仪器	可以实现对监测样地的连续、长期观测，可以与样地清查法相互补充，形成一定区域内的森林碳汇计量监测体系；但实际操作的专业技术难度较高，所需设备昂贵，且存在很多不确定性和误差
应用遥感等新技术的模型模拟法	通过生物量基础数据和换算参数来估算森林生态系统的碳储量	植被指数（VI）、叶面积指数（LAI）和植被吸收的光合有效辐射分量（$FPAR$）等遥感数据	在应用了遥感等新技术后有效解决了基础数据获取困难的问题，具大尺度观测优势；但参数设定的准确性、尺度转换导致模型精度和应用的问题

　　在建筑工程领域，林宪德通过对绿色建筑的研究，提出了绿化的 CO_2 固定量指标（表 3-3），以植物自幼苗成长至成树的 40 年之间的 CO_2 总固定量来评估绿化的碳汇成效。这一方法效仿绿色建筑评估的生命周期评估方式，根

---

① 曹吉鑫，田赟，王小平，孙向阳. 森林碳汇的估算方法及其发展趋势 [J]. 生态环境学报，2009（5）：2001-2005.

据植物叶面光合作用能力与亚热带日照条件模拟解析得到，旨在提供一种便于评估植物对城市碳汇贡献度的换算比重。因此，虽然存在绝对误差和地域限制，仍不失为一种动态、立体、简便、有效的评估方法。[1]

各种植栽单位面积二氧化碳固定量 G_i（kg/m^2）（根据：林宪德，2007） 表 3-3

植栽类型		CO_2 固定量 G_i（kg/m^2）	覆土深度
生态复层	大小乔木、灌木、花草密植混种区（乔木间距 3.0m 以下）	1200	1.0m 以上
乔木	阔叶大乔木	900	
	阔叶小乔木、针叶乔木、疏叶乔木	600	
	棕榈类	400	
灌木（每 m² 至少植栽 4 株以上）		300	0.5m 以上
多年生蔓藤		100	
草花花圃、自然野草地、水生植物、草坪		20	0.3m 以上

在环境研究领域，城市绿地碳汇的定量测算研究多借鉴林业研究的经验方法[2]。由于城市绿地系统相较于自然系统，存在较多人为干扰而呈现较为复杂的镶嵌分布和植被结构，需要综合采用样区生物量测定、应用遥感等新技术进行模型模拟等方法，通过野外采集获取各类植被的具体数据作为建模需要的模型参数，利用遥感判读的植被分布和植被固碳量测算模型来自动测算绿地植被的地上干生物量和地上净第一生产力[3]。较为成熟的如 CITYgreen 模型，这是由美国林业署开发的关于城市森林生态效益的评价软件，模型包括碳贮存和碳固定等 8 大生态效益评估模块，在美国已经被用于 200 多个城市的生态分析[4]。但该模型在国内的研究以及应用的时间并不长，中国化的程度并不充分，由于地理位置和树种等诸多因素的作用，该模型的准确使用需要一些参数的校正[5]。

---

① 林宪德，绿色建筑 [M]. 北京：中国建筑工业出版社，2007.

② 周健，肖荣波，庄长伟，邓一荣. 城市森林碳汇及其核算方法研究进展 [J]. 生态学杂志，2013（12）：3368-3377.

③ 周坚华，城镇绿地植被固碳量遥感测算模型的设计 [J]. 生态学报，2010（4）：5653-5665.

④ 徐飞，刘为华，任文玲，等. 上海城市森林群落结构对固碳能力的影响 [J]. 生态学杂志，2010，29（3）：439-447.

⑤ 施维林，钟宇鸣，程思娴. 城市植被碳汇研究方法及进展 [J]. 苏州科技学院学报（自然科学版），2013（1）：59-64.

但这一领域在实践中，因为缺乏专业技术人员和测量设备，采用林业研究方法进行准确测定和定量计算的难度很大；并且为了避免对建成环境造成破坏，需要尽量避免采用技术相对简单的破坏性测量方法，这就进一步增加了这类方法的应用难度。因此，这一领域的相关实践多对基础数据的测量和获取方法进行了各种简化改进，致使数据的准确度下降；并且研究尺度越大，准确度越低。

● 大尺度范围（市域以上）的绿地碳汇评估模型

可针对林地、水稻田、园地、草地、城市绿化用地等5类不同土地利用的生态绿地空间，利用国内研究成果较为丰富且《2006年国家温室气体排放清单指南》已提出建议值的林地清除因子、水稻田甲烷排放因子、多年生木本作物清除因子、草地清除因子及城市树木清除因子（表3-4），与各类绿地面积相乘核算碳汇总量（图3-3）[1]。但这一尺度的模型只能估算城市绿地的碳汇总量，无法深入比较分类绿地的碳汇水平差异。

● 中等尺度（市域范围内）的绿地碳汇评估模型

可根据植物群落类型或绿地设计特征和指标的差别来建立绿地碳汇评估模型。如赵敏等将城市林地分为马尾松和其他热带松、杉树、常绿阔叶林、竹林等4类，通过各类群落的单位面积年固碳量（表3-5）和面积来估算城市林地的碳汇总量[2]；王伟武等通过在城市中选取典型样本住区，利用遥感解译方法获取了影响住区碳汇能力的6个规划设计可控影响指标(复层结构高度、软硬比、绿化覆盖率、容积率、绿地面积、建筑密度)，并借助多元线性回归与主成分分析方法分析了这6个可控影响指标对住区规划建设过程中碳汇能力的影响关系，筛选出了3个主要的影响因子：植被生态效益因子、下垫面构成特征因子、绿地面积大小因子[3]。显然，这一尺度的碳汇分析对城市中低碳绿地的规划建设可有直接借鉴。然而，针对植物群落类型的绿地碳汇评估模型尚未能涵盖所有的群落类型，而规划设计可控影响指标对绿地碳汇水平的定量影响也尚不确切。

● 小尺度（地块或场地）的绿地碳汇评估模型

① 叶祖达. 建立低碳城市规划工具——城乡生态绿地空间碳汇功能评估模型[J]. 城市规划，2011（2）：32-38.

② Zhao M, Kong Z H, Francisco J. Escobedoc, Jun Gao. Impacts of urban forests on offsetting carbon emissions from industrial energy use in Hangzhou, China[J]. Journal of Environmental Management, 2010（4）：807-813.

③ 王伟武,李铣,朱霞,何文杰. 杭州城西住区绿化碳汇量化研究[J]. 城市环境与城市生态，2013（4）：1-5.

通过单位叶面积的净日固碳量以及单位面积上的植物总量（三维绿量），来计算单位面积绿地的固碳能力，进而核算整块绿地的碳汇量。这类模型可消除种植结构和植被绿量差异所导致的碳汇计算误差，可针对不同的植物配植类型（表3-6）、甚至具体的植物品种（表3-7）提出单位面积绿地的固碳量[①]，以准确计算绿地碳汇水平。但鉴于城市不同绿地植物配置和组合状况千差万别，要获得类型全面的单位面积绿地固碳量，还有待长期深入的研究。

各碳排放／清除系数比较（根据：叶祖达，2011[②]）　　表 3-4

生态绿地类别	参数值	数据来源／使用案例	单位
林地	0.57；0.95~4.08；0.37~3.55	方精元等，2007[③]；方精元等，2006[④]；刘伟，2009[⑤]	tC/hm²/a
园地	2.1	IPCC，2006[⑥]	tC/hm²/a
草地	0.021	张秀梅等，2010[⑦]	tC/hm²/a
水稻田	0.422；1.16	张秀梅等，2010[⑦]；Mudge and Adger，1995[⑧]	tC/hm²/a
城市绿地	1.66	Zhao Min, et al.，2010[⑨]	tC/hm²/a

注：tC/hm²/a 为吨碳／公顷／年，是每公顷每年的碳汇／碳排能力。

---

① 郭新想，吴珍珍，何华．居住区绿化种植方式的固碳能力研究[A]．中国城市科学研究会，中国绿色建筑委员会，北京市住房和城乡建设委员会．第六届国际绿色建筑与建筑节能大会论文集[C]．北京，2010.

② 叶祖达．建立低碳城市规划工具——城乡生态绿地空间碳汇功能评估模型[J]．城市规划，2011（2）：32-38.

③ 方精元，郭兆迪，朴世龙，等．1981-2000年中国陆地植被碳汇的估算[J]．中国科学（D辑），2007，37（6）：804-812.

④ 方精云，刘国华，朱彪，等．北京东灵山三种温带森林生态系统的碳循环[J]．中国科学（D辑），2006，36（6）：533-543.

⑤ 刘玮，王文杰，等．东北人工林不同林分土壤呼吸及其碳汇功能研究出[R]．中国植物学会植物生态学专业委员会，第三届全国植物生态学前沿论坛第三届全国克隆植物生态学研讨会，2009.

⑥ IPCC.2006 IPCC Guidelines for National GHG Inventories [R]. Intergovernmental Panel on Climate Change, 2006.

⑦ 张秀梅，李升峰，黄贤金，等．江苏省1996年至2007年碳排放效应及时空格局分析[J]．资源科学，2010，32（4）：768-775.

⑧ Mudge F, Adger W N.Methane fuxes from artificial wetlands：a global appraisal[J]. environmental M anagement, 1995, 19（1）：39-55.

⑨ Zhao M, Kong Z H, Escobedo F J, et al.Impacts of urban forests on offsetting use in Hangzhou, China[J].Journal of Environment Management, 2010, 91：807-813.

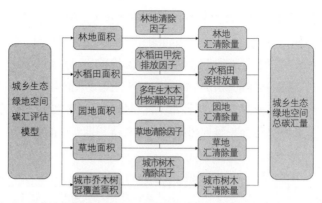

图3-3　城乡生态绿地空间碳汇功能评估框架（根据：　叶祖达，2011[①]）

各碳排放／清除系数比较（根据：Min Zhao 等，2010[②]）　　表 3-5

森林类型	生物量（B）估算	净初级生产力（NPP）估算	参考文献
马尾松和其他热带松树林	$B=V/(1.428+1.404V)$ $R^2=0.81$, $p<0.001$	$NPP=B/(0.238A+0.0304B)$ $R^2=0.83$, $p<0.001$	Zhao and Zhou, 2005[③]
杉木林	$B=V/(0.808+0.007V)$ $R^2=0.64$, $p<0.001$	$NPP=B/(0.636A-0.015B)$ $R^2=0.84$, $p<0.001$	Zhao and Zhou, 2005[③]
常绿阔叶林	$B=V/(0.727+0.0012V)$ $R^2=0.75$, $p<0.01$	$NPP=81.54B^{-0.353}$ $R^2=0.36$, $p<0.01$	Zhao and Zhou, 2006[④] Fang et al, 1996[⑤]
竹林	$B=0.0227x+7.9569$ $R^2=0.61$, $p<0.01$	$27t/ha/yr$ $R^2=N/A$	Pan et al, 2004[⑥] Feng et al, 1999[⑦]

注：B—生物量 [Biomass（mg/ha）]；NPP—净初级生产力（Net primary productivity）；V—体积 [Volume（m³/ha）]；A—林分平均年龄（Stand age）；R^2—回归模型误差占总误差的百分比，大于70%，存在相关性，可以使用，但需谨慎，85%以上关系显著；p—显著性水平，当 p 小于 0.05 时，存在显著性相关；x—每公顷竹竿数；N/A—无。

① 叶祖达. 建立低碳城市规划工具——城乡生态绿地空间碳汇功能评估模型[J]. 城市规划，2011（2）：32-38.

② Zhao M, Kong Z H, Escobedo F J, et al.Impacts of urban forests on offsetting use in Hangzhou, China[J].Journal of Environment Management, 2010, 91：807-813.

③ Zhao M, Zhou G S.Estimationof biomass and NPP of major planted forests based on forest inventory data in China[J]. Forest Ecology and Management, 2005, 207：295-313.

④ Zhao M, Zhou G S. Carbon storage of forest vegetation and its relationship with climatic factors[J]. Climatic Change, 2006, 74：175-189.

⑤ Fang J Y, Liu G H, Xu S L. Biomass and net production of forest vegetation in China[J]. Acta Ecologica Sinica, 1996, 16：497-508.

⑥ Pan Y, Luo T X, Birdsey R, Hom J, Melillo J.New estimates of carbon storage and sequestration in China's forests：effects of age-class and method on inventory-based carbon estimation[J]. Climatic Change, 2004, 67：211-236.

⑦ Feng Z W, Wang X K, Wu G.Chinese Forest Ecosystem Biomass and Net Primary Productivity[M].Beijing：Science Press, 1999.

不同绿地类型的单位绿地面积净日固碳量（根据：郭新想等，2010[①]）　表3-6

绿地类型		植被覆盖率[*]（%）	单位面积净日固碳量（$g \cdot m^{-2} \cdot d^{-1}$）
乔灌草型	乔木	70	35.67
	灌木	50	20.95
	草坪	100	23.38
	总体	—	79.99
灌草型	乔木	30	15.29
	灌木	80	33.52
	草坪	100	23.38
	总体	—	72.18
草坪型	乔木	30	15.29
	灌木	40	16.76
	草坪	100	23.38
	总体	—	55.42
草地	乔木	0	0.00
	灌木	0	0.00
	草坪	100	23.38
	总体	—	23.38

注：* 按照习惯的植物配置比例，常绿乔木／落叶乔木 =1 ：3，常绿灌木／落叶灌木 =3 ：1。

部分植物的单位固碳量（根据：郭新想等，2010[①]）　　　表3-7

植物名	类型	单位叶面积日净固碳量（$g \cdot m^{-2} \cdot d^{-1}$）	叶面积指数（$m^2 \cdot m^{-2}$）	单位绿地面积日净固碳量（$g \cdot m^{-2} \cdot d^{-1}$）
广玉兰	常绿乔木	14.06	4.11	57.79
国槐	落叶乔木	13.83	3.52	48.68
夹竹桃	常绿灌木	17.05	2.75	46.89
迎春	落叶灌木	11.76	2.29	26.93
蜘蛛兰	地被草本	9.35	2.5	23.38

　　除此之外，借助低碳指标体系，通过森林覆盖率、绿地率、人均绿地面积等绿地和绿化的常规评价指标，间接反映城市绿地的碳汇水平[②]，也是一种不尽准确的折中方法。理论上，单纯的数量指标与绿地的碳汇和碳排水平是线性相关的，即单位面积绿地的碳汇和碳排的平均水平既定，则绿地面积越大，碳汇和碳排总量都会增加。因此，这种方法的优点在于能够直接对接现有的绿地数量指标，在缺乏实测数据的情况下，便于操作；但由于忽略了不同植被类型和植物品种造成的绿地地块间的碳汇／碳排水平差异，这一方法只能用于评估整个城市的碳汇／碳排水平。

① 郭新想，吴珍珍，何华．居住区绿化种植方式的固碳能力研究 [A]. 中国城市科学研究会，中国绿色建筑委员会，北京市住房和城乡建设委员会．第六届国际绿色建筑与建筑节能大会论文集 [C]. 北京，2010.

② 刘骏，胡剑波，罗玉兰．低碳城市测度指标体系构建与实证 [J]. 统计与决策，2015（5）：59-62.

3.1.2 绿地碳排计算

目前，按碳源类型进行碳排量估算，是基本的碳排计算方法。2001 年 10 月国家计委气候变化对策协调小组办公室起动的"中国准备初始国家信息通报的能力建设"项目中，正式将温室气体的排放源分类为能源活动、工业生产工艺过程、农业活动、城市废弃物和土地利用变化与林业 5 个部分(详见表 3-8)①。其中，与绿地相关的"土地利用变化与森林"类碳源，其排碳量在国际上比较多用生物地球化学模型进行模拟，即通过考察环境条件，包括温室、降水、太阳辐射和土壤结构等条件为输入变量来模拟森林、土壤生态系统的碳循环过程，从而计算森林－土壤－大气之间的碳循环以及温室气体通量②。这种基于碳循环模型的模拟方法要求准确获得森林、土壤的呼吸、各种生物量在不同条件下的值和其生态学过程的特征参数，但以上数值目前还处于研究之中，不仅一些生态学过程特征难以把握，而且模型参数的时间和空间代表性也值得怀疑③。因此其应用的局限性很大。中国目前还没有形成针对这类碳源的系统的排碳量估算模型，一般都采用实测法计算其排碳量④。而实测法是通过测量排放气体的流速、流量和浓度，用测量所得的数据来统计气体的排放总量，其基础测量数据一般来源于环境监测站的采集样品，样品的代表性在很大程度上制约了其应用的确切意义②。

因此，对于绿地碳排，鉴于目前针对绝对量的定量核算手段不足，基于相对减排量的定量计算就成为必要的补充。如对于贡献了人类温室气体排放和能源消耗的 40% 的建筑物，鉴于其如果采用低碳技术、可节约 80% 的能源的预期⑤，利用不同建筑材料的碳排放系数差异 (表 3-9)⑥，可在园林建筑的建造过

① 许黎 . 第一届 IPCC 温室气体排放清单数据库编委会会议在日本召开 . http：// www. ccchina. gov. cn. 2003–05–31.

② 张德英，碳源排碳量估算办法研究进展 [J]. 内蒙古林业科技，2005 (1)：20–23.

③ Dennis D B, Kell B W. Modeling CO_2 and water vapor exchange of a temperate broadleaved forest across hourly to decadal time scales[J].Ecological Modeling, 2001, 142：155–184.

④ 王雪娜，顾凯平 . 中国碳源排碳量估算办法研究现状 [J]. 环境科学与管理，2006 (7)：78–80.

⑤ 乐正，廖明中 . 发展低碳经济建设低碳城市 [J]. 特区实践与理论，2009, 24 (5)：32–37.

⑥ 张涛 . 建筑中常用的能源与材料的碳排放因子[J]. 中国建设信息，2010, 16 (23)：58–59.

程中，通过选用碳排放系数低的材料降低整体建筑的碳排量[①]。

中国气候变化委员会公布的碳源分类 表 3-8

能源相关	能源生产	煤炭、石油、天然气开采
	能源加工与转换	发电、炼油、炼焦、煤制气、煤炭洗选、型煤加工
	能源消费	农业、工业、交通、建筑、商业、民用
	生物质能燃烧	—
工业生产	水泥	—
	石灰	—
	电石	—
	己二酸	—
	钢铁	—
土地利用变化与森林	森林和其他木质生物质贮量的变化	—
	植被恢复	—
	土壤碳变化及森林	—
	草地和农田管理	—

注：只列出排放 CO_2 气体的源类别，不包括其他温室气体。

常用建筑材料碳排放系数（根据：张涛，2010[②]） 表 3-9

建筑材料名称	碳排放系数（t/t）	数据来源
砌筑水泥	0.396	温室气体盘查协定书
混合水泥	0.396	温室气体盘查协定书
钢铁	1.22	温室气体盘查协定书
高钙石灰	0.75	温室气体盘查协定书
玻璃	1.4	绿色奥运建筑评估体系
木材制品	0.2	绿色奥运建筑评估体系

3.1.3 绿地碳汇和碳排的估算建议

可见，目前对于城市绿地碳汇和碳排的计算，最为基本的研究思路是通过实测获得准确度较高的局部样地数据，籍之统计、估算同一植被类型的区域内的碳汇／碳排总量，或是借此进行参数和模型设计，模拟得到更大尺度区域内的碳汇／碳排量。这一研究思路具有科学的合理性，但专业技术性强，设

① 杨军，王婷．低碳理念在城市园林设计要素中的应用[J]．江西林业科技，2013（1）：63-64．

② 张涛．建筑中常用的能源与材料的碳排放因子[J]．中国建设信息，2010，16（23）：58-59．

备要求较高，在绿地规划和建设中的实践应用难度较大；并且一般情况下，研究尺度越大，基础数据越粗略，计算的准确度越低。

事实上，在城市绿地规划的实践中，评价碳汇和碳排水平的根本目的，在于针对低碳化建设目标，通过城市各类绿地之间、具体绿地地块之间以及与其他城市的绿地之间进行一系列的碳汇和碳排水平比较，作为制定、实施绿地低碳化改造措施的决策依据。因此，估算方法必须具有普遍的适用性。一般而言，粗略的基础数据相对容易获得，但需要牺牲一定的计算精度，这就需要有一个权衡考虑；并且，从比较的角度而言，估算绝对量或是相对量，并无本质差别。

1）碳汇估算

目前，城市绿地碳汇计算所需的基础数据可分为 3 个精度层次，从低到高依次为植物个体层次、植物种群层次和绿地总量层次，分别可对应场地和地块以及整个城市的研究尺度（图 3-4）。由于城市绿地系统规划需要深入到分类绿地调控的层次，只能由场地和地块尺度的分析数据整合得到，所以需采用植物品种层次或植被类型层次的基础数据进行碳汇计算。其中，植物品种层次的计算精度高，但因植物品种繁多，基础数据较为复杂，难以全面获取。因此，以植被类型层次的基础数据进行分地块的碳汇估算，进而统计分类绿地乃至整个绿地系统的碳汇水平，是较为恰当的研究方法；对于部分碳汇核算结果不佳的绿地地块，也可进一步深入采集植物品种层次的数据，参照碳汇水平较高的绿地地块，研究改进策略。其中，分地块的碳汇估算，在亚热带地区，可参照林宪德提出的不同种植类型的绿地的单位面积二氧化碳固定量（表 3-10），按式（1）计算。

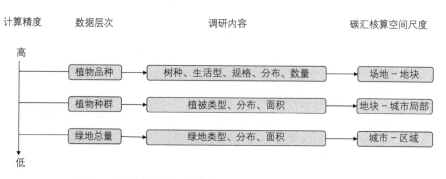

图3-4 城市绿地碳汇计算的数据层次和研究尺度对应关系

各种种植类型的绿地的单位面积 CO_2 固定量 G_i (kg/m²)（根据：林宪德，2007[1]）　　表 3-10[2]

植栽类型		CO_2 固定量 G_i（kg/m²）	覆土深度
生态复层	大小乔木、灌木、花草密植混种区（乔木间距 3.0m 以下）	1200	
乔木	阔叶大乔木	900	1.0m 以上
	阔叶小乔木、针叶乔木、疏叶乔木	600	
	棕榈类	400	
灌木（每 m² 至少植栽 4 株以上）		300	0.5m 以上
多年生蔓藤		100	
草花花圃、自然野草地、水生植物、草坪		20	0.3m 以上

$$C_g = \Sigma \ (G_i \times S_i) \qquad\qquad (2)$$

式中，C_g 为绿地地块的固碳量，G 为某类种植的单位面积 CO_2 固定量，S 为某类种植的绿地面积，i 为种植类型。

尽管林宪德也指出，表中的绿地单位面积 CO_2 固定量数据，因未体现不同物种、基因、地理、气候导致的巨大差异，会远大于林业研究中通过实测材积获得的 CO_2 固定量数据，含有很大绝对误差。但是，从相对比较的角度出发，它充分利用了现有的以面积为主的绿地数量指标，可反映不同种植类型的绿地地块间的碳汇水平差异，进而可体现分类绿地乃至整个绿地系统的碳汇水平，因此不失为一种面向实践的、可操作性较强的换算参照标准。计算结果虽然存在绝对准确性的缺陷，但由于是基于同一参照标准，仍可较为可靠地反映绿地地块之间、各类绿地之间、不同城市的绿地系统之间的碳汇水平差距，以及绿地地块、类型和系统本身的碳汇能力改变情况，从而为绿地低碳化建设策略的制定提供较为充分的依据。

相较于这种不尽准确的利用绿地面积指标核算不同种植类型的绿地的碳汇水平的方法，同样在植被类型层次，通过不同类型植物的单位叶面积的净日固碳量以及单位面积上的植物总量（三维绿量）计算获得的碳汇量无疑更为准确。然而，由于目前城市绿地的建设管理中缺少对于植物三维绿量的常规统计，并且由于必要的养护修剪，植物三维绿量的改变情况较为复杂，也难以借助遥感等技术手段准确获得，所以若要实现这一精度的提升，需要进行大量的基础测量工作，代价过高。

① 林宪德，绿色建筑 [M]. 北京：中国建筑工业出版社，2007.
② 同表 3-3。

2）碳排估算

按碳源碳排估算的办法，城市绿地的直接碳排水平可以以其自身作为碳源类型来进行核算，而其间接碳排水平则混合在其他碳源类型的计算中，很难准确区分。

鉴于目前城市绿地的直接碳排水平计算，尚缺乏直接、有效的绝对量计算方法，因此核算其相对量无疑是一种有效的变通方法。城市绿地的直接碳排主要是在建设和养护过程中发生的。建设性碳排可通过减少工程总量、运用当地材料减少运输排放以及运用碳排放系数低的材料（参见表3-11）来削减，因此各种消减量可反映其减排水平；养护性碳排水平则可借助绿地的养护成本来体现，但目前城市绿地的建设管理中普遍缺少对于实际发生的绿化养护成本的统计监管，建议可利用绿化养护预算数据来间接反映绿地的养护成本，从而估算绿地的养护性碳排水平。

常用建筑材料碳排放系数（根据：张涛，2010）　　　　　　　表3-11[①②]

建筑材料名称	碳排放系数（t/t）	数据来源
砌筑水泥	0.396	温室气体盘查协定书
混合水泥	0.396	温室气体盘查协定书
钢铁	1.22	温室气体盘查协定书
高钙石灰	0.75	温室气体盘查协定书
玻璃	1.4	绿色奥运建筑评估体系
木材制品	0.2	绿色奥运建筑评估体系

而城市绿地的间接碳排水平则很难从其他碳源类型的一揽子碳排计算中加以区分，缺乏定量估算的可行性。因此，建议通过优化绿地布局，提升绿地分布的均衡性，以定性调控的方式来降低绿地周边建筑以及绿地到访交通的能源消耗。对于这部分相对减排效益，则可借助绿地生态服务区或步行服务区的覆盖情况来进行评价。

图3-5是对城市绿地碳排评价方式的图示。

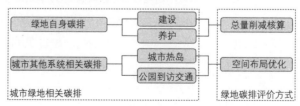

图3-5　城市绿地的碳排评价方式

① 张涛. 建筑中常用的能源与材料的碳排放因子 [J]. 中国建设信息，2010，16（23）：58-59.
② 同表3-9。

3.2 低碳绿地／绿化型式

3.2.1 基于雨洪管理的湿地型绿地

城市绿地的景观造景和植物灌溉都需要水，水是城市绿地的基本构成要素。为了节约城市用水量，利用非常规水源（再生水、雨水、地下水等）进行园林绿地的景观建设和后期养护，无论对于水量型缺水的北方城市、还是水质型缺水的南方城市，都越来越受到重视。但是，如果大量使用地下水或再生水（如中水），会造成巨大的后期运行和维护成本，而且可能破坏当地的地下水系统，甚至出现地质灾害。因此，在绿地的低碳化建设中，应充分利用雨水等自然水源，结合城市的自然水文循环机制，整合城市的雨洪管理系统，排布一系列湿地型绿地，从而在充分发挥城市绿地缓解城市水资源危机、防洪减灾、修复生态环境等效益的同时，大幅削减景观用水和灌溉用水，减少绿地的直接碳排放。

雨洪管理是相对于传统的粗放型管道式雨水收集系统、以减少对环境影响为前提的、参照自然水循环机制的、新型的地表径流管理理念和控制体系[①]。以自然水循环为核心，发达国家针对各自情况分别提出了多样化的雨洪管理理念（表 3-12）：如美国于 20 世纪 70 年代提出的"最佳管理措施"（Best Management Practice，BMP）以及之后在此基础上提出的低影响度开发（Low Impact Development，LID），英国推行的可持续城市排水系统（Sustainable Urban Drainage System，SUDS），澳大利亚开展的水敏感性城市设计（Water Sensitive Urban Design，WSUD），以及新西兰整合 LID 和 WSUD 理念发展的低影响城市设计与开发（Low Impact Urban Design and Development，LIUDD）[②]。基于城市自然式雨洪管控的理念和技术，以自然积存、自然渗透、自然净化为目标的"海绵城市"理论得以应用和发展[③]。

---

① 刘文波，王路，林洁. 城市雨洪管理控制体系的发展概述 [A]. 中国城市科学研究会，中国绿色建筑与节能专业委员会，中国生态城市研究专业委员会. 第十届国际绿色建筑与建筑节能大会暨新技术与产品博览会论文集——低碳社区与绿色建筑 [C]. 北京，2014.

② 张宏伟. 城市雨洪管理发展及思考 [J]. 中国水利，2015（11）：10-13.

③ 车生泉，谢长坤，陈丹，于冰沁. 海绵城市理论与技术发展沿革及构建途径 [J]. 中国园林，2015（6）：11-15.

国外雨洪控制理念汇总（根据：刘文波等，2014[①]）　　　表 3–12

时间	国家	名称	特点
1972 年	美国	最佳管理措施 （Best Management Practice, BMP）	面源污染控制为主，强调法律政策支持
1990 年	美国	低冲击开发模式 （Low Impact Development, LID）	小范围、点源控制、社区尺度雨洪控制
1980 年代末	澳大利亚	水敏感城市设计 （Water Sensitive Urban Design, WSUD）	基于水循环的城市设计
1999 年	英国	可持续城市排水系统 （Sustainable Urban Drainage System, SUDS）	径流水质、径流水量、景观设计一体化
90 年代	新西兰	低影响城市设计和开发 （Low Impact Urban Design and Development, LIUDD）	可应用于城市范围及周边、农村的小区域雨洪管理

　　这些先进的城市雨洪管理理念，主要是结合城市内的主要雨水汇集区域，采用区域分散滞留的雨水管理利用模式，利用各种户外空间建立雨水集蓄利用系统和雨水地表入渗系统，通过源头、中途和末端控制，将原先借助排水管网集中外排的雨水，尽可能地就地、就近进行收集、净化、渗透、滞留、汇集管理和利用，最终可形成由均衡分散于城市内部的若干独立部分组成的"分散式城市雨水生态管理景观模式"[②]（图 3–6）。

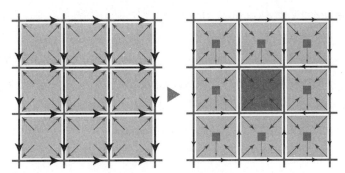

图3-6　传统管网排水与"分散式城市雨水生态管理景观模式"比较（参照：李惊等，2014）

　　雨洪管理系统的设计通常遵循由宏观到微观的过程：

① 刘文波，王路，林洁．城市雨洪管理控制体系的发展概述 [A]. 中国城市科学研究会，中国绿色建筑与节能专业委员会，中国生态城市研究专业委员会．第十届国际绿色建筑与建筑节能大会暨新技术与产品博览会论文集——低碳社区与绿色建筑 [C]. 北京，2014.
② 李惊，徐析．分散式城市雨水生态管理景观策略研究 [J]. 建筑与文化，2014（10）：103–105.

图3-7 城市不同地表硬化比例的水循环差异
（图片来源：李惊等，2014[①]）

● 雨洪过程的认识与模拟

首先是划分雨水汇集区域，并分析雨洪量和发生过程，作为系统设计的依据。雨洪分析可以根据城市区域的地形特征和用地开放情况进行粗略的估算（图3-7）；也可利用城市雨水模拟技术、城市雨水优化调控技术，综合运用模型模拟与优化算法来实现更为精细的调控计算[②]。目前影响较大、应用较多的城市雨洪和非点源污染模型主要有 HSPF (Hydrological Simulation Program—Fortran)、STORM、SWMM (Storm Water Management Model)、InfoWorks ICM、Mike Urban 等[①]。其中 SWMM 因对市区和非市区均能进行准确的模拟，在具有地表信息和地下管道数据的情况下既可对小流域进行模拟、也可对较大流域进行模拟，具有较好的灵活性，模拟结果与实测值更为接近，且模拟的径流量达到峰值所需的时间最短，可称得上是现阶段城市地表径流污染负荷研究的最佳模型[③]。

● 雨洪控制技术的选择与集成

构成城市雨洪控制利用系统的基础是单元技术措施，一般是指针对系统中重要或关键的组成单元、可以独立应用、能体现雨洪控制利用某种主要功能的

---

① 李惊，徐析．分散式城市雨水生态管理景观策略研究[J]．建筑与文化，2014 (10)：103-105．

② 宫永伟，李俊奇，师洪洪，李雯．城市雨洪管理新技术中的几个关键问题讨论[J]．中国给水排水，2012，22：50-53．

③ 陈晓燕，张娜，吴芳芳，贺兵．雨洪管理模型 SWMM 的原理、参数和应用[J]．中国给水排水，2013 (4)：4-7．

技术措施 (表 3-13) [1]。这些技术措施通过功能整合，可以由一种或一种以上的主要措施和几种辅助措施组成不同目的的控制利用流程（图 3-8）。因汇水区域大小、气候条件、区域污染情况和用地条件的制约，雨洪总量、水质等会有差异，具体的流程设计必须根据汇水区的雨洪特征、用地条件等进行，充分利用雨水的自重排放条件，因地制宜地将各项技术措施排布到适宜的场地，从源头、中途和末端对整个雨洪过程进行控制。其中，源头控制是从雨水的源头上控制，重点是雨水收集和就地渗透，因水量有限，可采用屋顶绿化、雨水花园、下凹式绿地、透水铺装和雨水收集器等技术措施；中途控制则主要围绕溢流污染控制和合流制改造等雨水输送、截污问题；末端控制则包括净化、调蓄、渗透等雨水集中储存处理技术，如一定规模的人工湿地、雨水塘等 [2]。

雨水利用系统中常用的主要单元技术措施（根据：车伍等，2010[3]）　　表 3-13

功能	常用单元技术措施
收集输送	植被浅沟、渗透管渠、普通雨水管渠
截污弃流	截污滤网装置（挂篮、滤网、格栅）、初期弃流装置、植被缓冲带、雨水沉淀井/池、浮渣隔离井等
净化处理	砂滤、土壤渗滤系统、前置沉淀池、前置塘等
调蓄*	小型雨水桶、雨水贮存池、景观水体、雨水塘/湿地
渗透*	下凹式绿地、透水性铺装、渗透沟渠、渗透池/塘、渗透井等

注：*代表单元技术类模式（包含技术措施）

注：单元技术措施分类并不是绝对的，视项目的控制利用目的和设计系统而定，通常一种单元技术措施可用于多种不同控制目的的技术流程及子系统。

● 因地制宜的技术设计

对于选用的单元技术措施，根据排布场地的具体情况，因地制宜地进行详细设计。

城市雨洪控制利用涉及城市规划、建筑、景观园林、道路等相关系统。经验表明，在正常的气候条件下，以 LID 为代表的雨洪管理系统可以截流 40% 以上的雨水。在这些系统中，各类绿地为不同功能的雨洪控制利用技术措施提供了重

---

[1] 车伍，张伟，李俊奇，李海燕，王建龙，刘红，何建平，孟光辉．中国城市雨洪控制利用模式研究 [J]．中国给水排水，2010，16：51-57.

[2] 宋晓猛，张建云，王国庆，贺瑞敏，王小军．变化环境下城市水文学的发展与挑战——II：城市雨洪模拟与管理 [J]．水科学进展，2014，05：752-764.

[3] 同①。

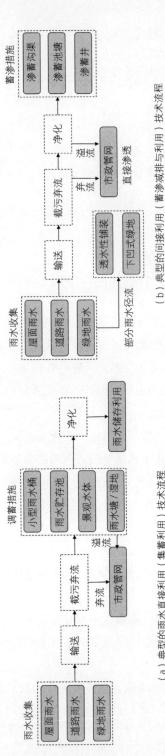

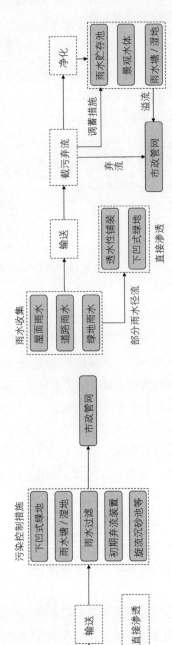

图3-8　几种典型的技术流程模式

（根据：车伍等，2010①）

① 车伍，张伟，李俊奇，李海燕，王建龙，刘红，何建平，孟光辉．中国城市雨洪控制利用模式研究 [J]．中国给水排水，2010，16：51-57．

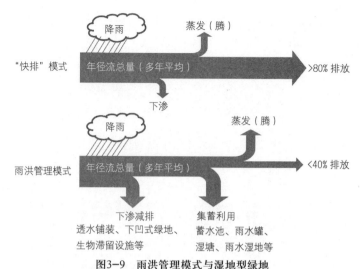

图3-9 雨洪管理模式与湿地型绿地

根据:《海绵城市建设技术指南——低影响开发雨水系统构建》(试行)

要的空间载体。而整合了雨洪控制利用技术措施的城市绿地,则因其功能、设计、景观效果均区别于目前常规的绿地,且因充分利用雨水减少了灌溉用水,而成为一种新的低碳绿地形式。根据技术特点,主要可分为下凹式绿地和雨水湿地2大类,分别对应雨洪管理系统中的下渗减排和集蓄利用2个重要环节(图3-9)。

1)下凹式绿地的规划设计要点

下凹式绿地是指自然形成的或人工挖掘的小型浅凹绿地,可用于汇集、滞留和渗透附近区域的雨水,并可提供截污、净化水质的功能。下凹式绿地可灵活用于城市道路、停车场、庭院、各类建筑小区等诸多场所,在不同的场地上可以灵活设计成不同的景观形式,如雨水花园、生物滞留池、植草沟等。

规划主要涉及选址和面积的合理确定:

●选址要点[①]

①下凹式绿地宜选址在地势较平坦、无大树遮挡的场地,以易于建造且维护简单;

②下凹式绿地的边线距离建筑基础至少2.5m,以避免雨水侵蚀建筑基础;

③下凹式绿地不能靠近供水系统或是水井周边,以避免下渗雨水对供水系统造成污染;

④下凹式绿地不宜选址于土壤排水性较差的场地或是经常积水的低洼地,

---

① Roger Bannerman, Ellen Cons idine. Rain Gardens:A How to Manual for Homeowners [M]. Wisconsin:University of Wisconsin Extension, 2003:3-4.

以避免雨水长时间积聚不利于植物生长，同时又容易滋生蚊虫。

● 面积计算

常用的下凹式绿地的面积计算方法主要有三种：①基于达西定律的渗滤法，依据土壤自身的渗透能力进行计算，重点考虑渗流能量损失与渗流流速之间的关系，忽略了构造空隙储水量的潜力和植物对蓄水层的影响，适用于渗水性能较好的砂质土壤；②蓄水层有效容积法，是一种在水量平衡的基础上、利用雨水花园蓄水层的有效容积消纳径流雨水的设计方法，考虑了植物对蓄水层储水量的影响，但未考虑土壤的渗透能力和空隙储水能力，适用于初期雨水的处理，以及透水性较差的黏土较多、场地不受限制的区域；③基于汇水面积的比例估算法，是需要多年的工程经验积累才能建立的简单的估算方法，计算简单但精度不高，对降雨特征变化较大和不同标准要求的适应性较差[1]。此外，对于汇水区构成情况较为复杂的区域，按照分类汇水面积比例估算下凹式绿地的面积[2]，较简单的汇水面积比例估算更为精确。表 3-14 是对主要的下凹式绿地面积计算方法的汇总。

设计层面则需要详细探讨土壤渗透性能、结构、植物配置等问题。

● 土壤渗透性能

表 3-15 反映了不同土壤的吸水率差异。吸水率小、而渗透性较好的砂土和砂质壤土比较适合建造下凹式绿地。以控制径流污染为目的的雨水花园对土质的要求比较高，一般要求为壤质砂土，砂土含量大约 35% ~ 60%，黏土含量 ≤ 25%，渗透系数 ≥ 0.3m/d，土壤中含有大量的直径 >25mm 的碎石、木屑、树根或其他腐质材料以及大量的无害草籽等[3]；以控制径流量为目的的下凹式绿地，只要土壤的渗透性达到要求即可，可以通过一个简单的渗透试验来检验场地的土壤是否适合建雨水花园：方法是在场地上挖掘一个 15cm 深的小坑，往里注满水，如果 24h 之后水还没有渗透完全，那么该场地土壤的渗透性较差，需进行局部客土处理，可将砂土、腐殖土、表层土按 2：1：1 的比例配置[4]。

① 向璐璐，李俊奇，邝诺，车伍，李艺，刘旭东 . 雨水花园设计方法探析 [J]. 给水排水，2008（6）：47-51.

② 王淑芬，杨乐，白伟岚 . 技术与艺术的完美统一——雨水花园建造探析 [J]. 中国园林，2009（6）：54-57.

③ AucklandRegionalCouncil.StormwaterManagementDevices：Design Guidelines Manual[M].New Zealand：AucklandRegionalCouncil，2003.

④ 罗红梅，车伍，李俊奇，等 . 雨水花园在雨洪控制与利用中的应用 [J]. 中国给水排水，2008（6）：48-52.

下凹式绿地的主要面积计算方法   表 3-14

方法	适用类型	计算公式	局限性
基于汇水面积的估算法[①]	对于面积精度要求不是很高的实践案例	$S=(s_屋N+s_地+s_{草坪}\varphi)h_r/(24r)$	估算简便，易于实际操作，但精确度不够，需要根据不同场地的情况进行调整
基于达西定律的渗滤法[②]	砂质土壤型	$A_f=A_d\,H\varphi d_f/[K(h+d_f)\,t_f]$	主要依据雨水花园自身的渗透能力和达西定律而设计，忽略了雨水花园构造空隙储水量的潜力和植物对蓄水层的影响
蓄水层有效容积法[②]	黏土较多或场地不受限制区域，主要用于处理初期雨水	$A_f=HA_d\varphi/(h_m-f_v\cdot h_v)$	此法主要利用雨水花园蓄水层的有效容积滞留雨水，考虑了植物对蓄水层储水量的影响，但未考虑雨水花园的渗透能力和空隙储水能力
基于汇水面积的比例估算法[②]	需要粗略计算并具有丰富经验时	$A_f=A_d\beta$	是一种简单的估算办法，计算简单，但需要多年的工程经验积累才能建立较为准确的公式，且精度不高，对降雨特征变化较大和不同标准要求的适应性较差

注：S—下凹式绿地面积；

s—汇水区内不同汇水表面的面积；

N—雨水花园所承担屋顶径流的比例；

φ—径流系数，采用基于汇水面积的估算法时一般取 0.2；

h_r—当地 24h 最大降雨量；

r—下凹式绿地的渗透率；

A_f—下凹式绿地表面积（m^2）；

A_d—汇流面积（m^2）；

H—设计降雨量（m），按设计要求决定；常按当地两年重现期日降雨量的 1/3，处理初期雨水时的雨水径流量一般按 12mm 的降雨量设计；

d_f—下凹式绿地的深度（m），一般包括种植土层和填料层；

K—砂质土壤的渗透系数，一般不小于 0.3m/d；

h—蓄水层设计平均水深（m），一般为最大水深 h_m 的 1/2，蓄水层一般为 100~250mm；

t_f—蓄水层中的水被消纳所需的时间（s），一般为 1~2d；

h_m—最大蓄水高度（m）；

f_v—植物横截面积占蓄水层表面积的百分比；

h_v—淹没在水中的植被平均高度（m）；当植被高度均超出蓄水高度时，

$h_v=h_m$，实际应用中大多采用 $h_v=h_m$ 进行计算；

β—修正系数，当汇流面积均为不透水面积时，计算出的下凹式绿地面积一般为汇水面积的 5%~10%。

① 向璐璐，李俊奇，邝诺，车伍，李艺，刘旭东. 雨水花园设计方法探析 [J]. 给水排水，2008（6）：47-51.

② Bannerman R, Considine E. Rain Gardens：A How to Manual for Homeowners [M]. Wisconsin：University of Wisconsin Extension，2003：3-4.

不同土壤的渗透性能（根据：王淑芬等，2009[①]）   表 3-15

土壤类型	最小吸水率
砂土	210mm/h
砂质壤土	25mm/h
壤土	15mm/h
黏土	1mm/h

● 结构

结合实际地形和场地功能形态，下凹式绿地的平面布局结构一般可由进水系统、前处理系统、积水区、表面溢流系统构成（图 3-10），其中前处理系统在土地使用较为紧张、绿地设置以控制径流量为目的、不涉及控制径流污染时也可不建。下凹式绿地的断面结构则由蓄水层、覆盖层、种植土层、砂层以及砾石层构成（图 3-11），其中蓄水层的深度根据不同的地面坡度、一般在7.5 ~ 20cm 之间为宜（表 3-16）[②]，过浅时若要达到吸收全部雨水的目的、会使雨水花园所占面积过大，过深则会使雨水滞留时间加长，不仅导致植物的生长受到影响，还容易滋生蚊虫[③]。

前处理系统
主要用于沉淀和过滤雨水径流中较大的悬浮物，并具有雨水调节功能，以减轻进入生物滞留池的水量和水质冲击负荷

积水区
用于暂时存储部分雨水径流，并且为雨水的蒸发耗散提供场所；同时，积水区也为雨水的预处理提供了场所，雨水径流中的悬浮颗粒物可在积水区部分沉淀

溢流系统
可以尽快排除超量雨水，将多余雨水通过预留的雨水溢流口（区）直接排入就近的排水系统

图3-10　下凹式绿地的平面布局结构

① 王淑芬，杨乐，白伟岚．技术与艺术的完美统———雨水花园建造探析 [J]．中国园林，2009（6）：54-57．

② Auckland Regional Council.Stormwater Management Devices：Design Guidelines Manual[M].New Zealand：Auckland Regional Council，2003．

③ 向璐璐，李俊奇，邝诺，车伍，李艺，刘旭东．雨水花园设计方法探析 [J]．给水排水，2008（6）：47-51．

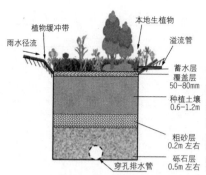

图3-11 下凹式绿地的断面结构（根据胡爱兵，2010[1]和王淑芬等，2009[2]）

场地坡度与下凹式绿地深度的关系（资料来源：罗红梅等，2008[3]）　表 3-16

项目	坡度（%）	深度（cm）
数值	<4	7.6~12.7
	5~7	15.2~17.8
	8~12	20

● 植物配置

下凹式绿地是靠其土壤与植物共同作用来处理雨水的，因此对植物的选择应遵循以下几项原则：

①以乡土植物为主，不能选择入侵性植物；

②选择既耐旱又能耐短暂水湿的植物；

③选择根系较发达的植物；

④选择香花性植物，以吸引昆虫等生物。

表 3-17 列出了一些适应我国气候与土壤特点、且能应用于湿地型绿地的建议植物，在不同地区可以有选择性的使用。[4]

① 胡爱兵．城市生态规划实践之城市道路雨洪利用模式探讨[A]．中国城市规划学会，重庆市人民政府．规划创新：2010中国城市规划年会论文集[C]．重庆，2010．

② 王淑芬，杨乐，白伟岚．技术与艺术的完美统一——雨水花园建造探析[J]．中国园林，2009（6）：54-57．

③ 罗红梅，车伍，李俊奇，等．雨水花园在雨洪控制与利用中的应用[J]．中国给水排水，2008（6）：48-52．

④ 向璐璐，李俊奇，邝诺，车伍，李艺，刘旭东．雨水花园设计方法探析[J]．给水排水，2008（6）：47-51．

下凹式绿地建议植物（资料来源：王淑芬等，2009①）　　　表 3-17

分类	植物名称
宿根花卉	鸢尾、马蔺、紫鸭跖草、金光菊、落新妇属、蛇鞭菊、沼泽蕨、萱草类、景天类、芦苇
草本植物	狐尾草、莎草、柳枝稷、发草、玉带草、藿香蓟、扫帚草、半枝莲
灌木	冬青、山胡椒、杜鹃、唐棣、山茱萸属、接骨木、木槿、柽柳、胡颓子、海州常山、海棠花、西府海棠、紫穗槐、杞柳、夹竹桃
乔木	红枫、枫香、麻栎、钻天杨、桂香柳、旱柳、楝树、白蜡、杜梨、乌桕、榕树

2）雨水湿地的规划设计要点

雨水湿地是针对雨洪的末端控制，利用一定规模的自然湿地或营建人工湿地调蓄洪水，并可兼具涵养水源、净化水质、调节气候、美化环境等生态、景观功能（图 3-12）。

纳入城市绿地系统规划的自然雨水湿地，最为典型的是城市湿地公园。这类公园通常选址于适宜作为公园的天然湿地，通过合理的保护利用，形成保护、科普、休闲等功能于一体的公园②。人工湿地则是由人工建造和监控，具备自我净化、自我完善能力的湿地生态系统。这类湿地通常选址在具有湿地营建条件的地方，借助人工手段将径流或城市污水有控制地投配到种有水生植物的土地上，按不同方式控制有效停留时间并使其沿着一定的方向流动，利用自然化手段，综合物理、化学和生物作用处理污水，通过沉降和

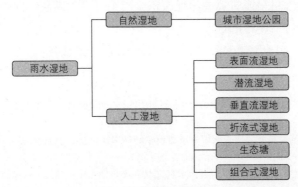

图3-12　雨水湿地的构成

① 王淑芬，杨乐，白伟岚 . 技术与艺术的完美统一——雨水花园建造探析 [J]. 中国园林，2009（6）：54-57.

② 蔺银鼎 . 城市绿地生态效应研究 [J]. 中国园林，2003（11）：36-38.

过滤、沉淀吸附和分解、微生物代谢、植物代谢的处理过程，在低能耗、高效能地解决区域水体污染问题的同时，有利于改善人们的生活环境、促进城市生态环境的建设。由于挺水植物与基质床能够组成高效的处理系统，人工湿地一般都是挺水植物系统[1]。根据污水在湿地中流动的方式不同，表面流湿地（Surface Flow Wetlands，SFW），潜流湿地（Subsurface Flow Wetlands，SSFW）和垂直流湿地（Vertical Flow Wetlands，VFW）是 3 种最为基本的挺水植物系统[2]。这些系统具有不同的构造方式和去污效果，在实践中可以通过灵活组合不同的系统，或通过添加导流设施形成折流系统，进一步提升净化效能。此外，为了避免径流中的杂物堵塞填料床，在用地条件许可时，可采用生态塘和人工湿地优化组合的模式，利用塘系统能显著去除悬浮物的特性[3]，使径流先通过生态塘减缓流速、降低挟沙能力、进行悬浮物沉降，再进入人工湿地进一步去除有机污染物，以有效减少湿地的堵塞，延长湿地的使用寿命[4]（表 3–18）。

湿地库容是雨水湿地的一项重要指标。这一指标可以按照流域内径流总量控制目标来匡算，如在美国，一些地区的湿地设计指南要求湿地的库容要能够保留流域内 90% 降雨事件所产生的径流[5]；也可纳入周边地区用水（如景观用水、灌溉用水等）等对于总水量的削减情况来核算：如假设在理想状态下，全年雨水分布均衡，径流的雨水全部汇入储水人工湿地，则：

湿地库容 =（流域年雨水汇集总量 − 湿地年渗透量 − 湿地年蒸发量 − 用水年需求量）× 年径流总量控制率 (3)

湿地库容需进一步折算成湿地面积（式 4），并根据流域内的自然地形和用地条件进行统一规划布局。

湿地面积 ＝湿地库容／湿地设计水深 (4)

---

① 康军利 . 人工湿地生态系统在城市污水回用中的可行性 [J]. 环境卫生工程，2004，12（2）：14~17.

② 张建国，何方 . 人工湿地在城市生态建设中的应用探讨 [J]. 科技导报，2005（10）：56–58.

③ 毛战坡，彭文启，尹澄清等 . 非点源污染物在多水塘系统中的流失特征研究 [J]. 农业环境科学学报，2004，23（3）：530~535.

④ 王孟，叶闽，尹炜，余秋梅，韩小波 . 多水塘人工湿地耦合系统控制面源污染研究 [J]. 人民长江，2008，23：91–93+123.

⑤ Carleton JN, Grizzard TJ, Godrej AN, et al. 2001. Factors affecting the performance of stormwater treatment wetlands[J].Water Research, 35：1552–1562.

表3-18

人工湿地的常见系统类型

系统类型	表面流湿地	潜流湿地	垂直流湿地	折流式湿地	生态塘
别名	地表流湿地、水面湿地	渗滤湿地系统、水平流湿地系统	—	—	稳定塘
技术控制	污水在湿地的表面流动，水深约在0.1~0.9m之间	污水经配水系统在湿地的一端均匀地进入填料床植物的根区，在填料床内部由湿地末端集水管收集，净化后出水由湿地末端排出	污水从湿地表面纵向流向填料床的底部，由铺设在出水端底部的集水管收集而排出处理系统	湿地床内设平行的导流墙，导流墙上下左右按空间交错设置过水孔，将湿地床内空间分隔成S形的曲折流道以增加水流的曲折性并使水与填料充分接触	污水在浅水塘内缓慢地流动，较长时间的贮留，在污水中存活的代谢活动，包括水生植物在内的多种生物的综合作用净化污水
典型断面					
净化效能	依靠植物水下部分的茎、杆上的生物膜去除水中的大部分有机污染物，除N的效果不如垂直流人工湿地，效果较低	可充分利用填料表面的生物膜、丰富的植物根系表层土和填料的截留作用，但脱P、除N的能力较高	垂直流利用充氧输进入湿地水平潜流系统，其硝化能力高于水平潜流湿地，可用于处理氨氮含量较高的污水；相对水如水平潜流湿地的去除能力不高	水流可与填料充分接触，同时S形的水流廊道中的薄层水可接触、溶解空气中的氧，处理能力高	污水在塘内较长时间贮留，利用悬浮物长时间沉降以及通过生物作用降解污染物
优点	工程量少、投资低、操作简单、运行费用低	由于水流在地面以下流动，处理效果受气候影响小，卫生条件好	硝化能力高于水平潜流湿地，可用于处理氨氮含量较高的污水	兼具水平潜流湿地和垂直流湿地的净化能力和微生物的协同作用，对各类污染物均有较稳定的去除效果	投资少，运行费用低，管理简单，景观效果好
缺点	夏季易滋生蚊蝇，产生臭味，卫生条件差，占地面积较大，冬季寒冷地区易发生表面结冰，影响处理效果	工程量大，投资较高，控制相对复杂	控制相对复杂，基建要求较高	控制相对复杂，基建要求较高	占地面积大，净化效果较大，受季节影响变化较大，夏秋季节效果较好，其冬季节效果较差，其中NH3-N、TP的去除率受季节影响变化得较大
应用情况	—	目前已被美国、日本、澳大利亚、德国、瑞典、英国、荷兰和挪威等国家广泛使用	目前应用不多	目前应用不多	已被许多国家得到广泛应用

布局的基本原则包括：

● 雨水湿地彼此之间、与周边的自然系统之间应合理连接，确保湿地生物廊道的畅通，构建健康的自然景观格局，完善流域自然系统；

● 雨水湿地应与周边城镇发展、社会生产、居民生活等功能整合衔接，以达到流域社会环境的整体平衡和协调；

● 湿地的水环境和陆域环境应保持连续完整性，避免湿地环境过度分割而造成湿地生态系统的功能退化。

雨水湿地的设计应充分考虑其沉淀、净化、储水，以及景观营造的功能要求，基本的平面形态应由缓冲区和储水区组成。缓冲区主要实现水体净化功能，在自然型雨水湿地中可通过保护完整的水－岸自然过渡区域，利用水生－湿生－陆生植物群落共同构建生物净化系统来建设；储水区则旨在满足蓄洪和景观营造的需求，构成了雨水湿地的主要水体部分 [图 3–13（a）]。相对于自然型雨水湿地，人工湿地通过控制径流路径，可以设计更为灵活的平面形态：由前池、中池和后池三部分组成连续或分离的水塘或浅水湿地，为兼顾净化和景观功能，一般沉淀用的前池应占 20%、净化用的中池占 50%、储水的后池占 30% 左右[1]；为了充分发挥其净化和调蓄水量的作用，水深、水位和流速的控制设计至关重要 [图 3–13（b）]。通常情况下，水力停留时间越长，污染的去除效果越好[2]；在水力停留时间不变的情况下，水深相对较深时有利于污染物的去除[3]。根据美国人工湿地的建设经验，规划暴雨径流湿地时应考虑：①针对流域盆地地区的浅水湿地最小面积为 6 ~ 10hm²；②小型湿地的最小面积为 1.5 ~ 2.0hm²；③无降水时的流入量和流出量的比例应控制为 2 ∶ 1；④湿地表面总面积 35% 的地区深度应为 150mm，或者更浅；应有 10% ~ 20% 的区域水深达 0.5 ~ 2.0m[4]。

① 王芳，潘鸿岭 . 低影响开发技术在城市公园设计中的应用探讨 [J]. 农业科技与信息（现代园林），2013（10）：76–80.

② 崔芳，袁博 . 水力停留时间对人工湿地净化城市湖泊水体影响 [J]. 江西农业学报，2011（11）：171–174.

③ 崔芳 . 水深对人工湿地净化城市湖泊水体影响的研究 [J]. 江西农业学报，2010（7）：119–120+124.

④ 格莱格里·赫斯特，汪可薇 . 区域建设中的湿地和暴雨径流管理方法 [J]. 中国园林，2005（10）：1–4.

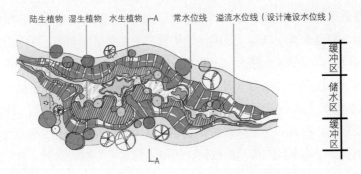

陆生植物　湿生植物　水生植物　　常水位线　溢流水位线（设计淹设水位线）

缓冲区

储水区

缓冲区

自然湿地平面图

常水位线　溢流水位线（设计淹没水位线）

陆生植物　　　　湿生植物　　　　　　　　水生植物

缓冲区　　　　　　　　储水区　　　　　　缓冲区

自然湿地 A-A 剖面图

（a）自然湿地

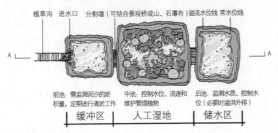

植草沟　进水口　分割堰（可结合景观桥或山、石瀑布）溢流水位线 常水位线

前池：需监测泥沙的淤　　中池：控制水位、流速和　　后池：监测水质、控制水
积量，定期进行清淤工作　　维护管理植物　　　　　　位（必要时溢洪外排）

缓冲区　　人工湿地　　储水区

人工湿地平面图

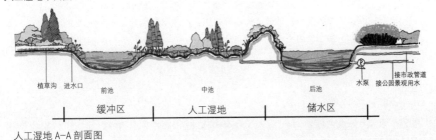

植草沟　进水口　　前池　　　　　　　　中池　　　　　　　　后池　　　　　水泵　接市政管道
　　　　　　　　　　　　　　　　　　　　　　　　　　　　　　　　　　　接公园景观用水

缓冲区　　　　　　　人工湿地　　　　　　储水区

人工湿地 A-A 剖面图

（b）人工湿地

图3-13　雨水湿地的平面和剖面示意图

　　植物是湿地中最主要的生物净化要素。水－岸自然过渡区域的植被以及人工湿地中的湿生植物群落，是湿地净化机制的重要组成部分。耐水湿的乔灌木不仅可以护岸、控水土流失，还能为水体植物提供养分和能量，必须保证足够的宽度（建议 30～60m）（表 3-19）；湿生植物应综合采用挺水植物、浮水植物、沉水植物（表 3-20）。水生维管束植物中的挺水植物，如芦苇（禾本科）、水葱（莎草科）和宽叶香蒲（香蒲科）等，通常具有较好的去污能力且易于管理；藻类植物作为水质的指示性植物，可用于储水区的水质监测。湿地植被管理应保证 50% 的植被覆盖率[①]。

生物保护廊道宽度（资料来源：朱强等，2005[②]）　　　　　　　表 3-19

宽度值（m）	功能及特点
3~12	廊道宽度与草本植物和鸟类的物种多样性之间相关性接近于零；基本满足保护无脊椎动物种群的功能
12~30	对于草本植物和鸟类而言，12m 是区别线状和带状廊道的标准。12m 以上的廊道中，草本植物多样性平均为狭窄地带的 2 倍以上；12~30m 能够包含草本植物和鸟类多数的边缘种，但多样性较低；满足鸟类迁移；保护无脊椎动物种群；保护鱼类、小型哺乳动物
30~60	含有较多草本植物和鸟类边缘种，但多样性仍然很低；基本满足动植物迁移和传播以及生物多样性保护的功能；保护鱼类、小型哺乳、爬行和两栖类动物；30m 以上的湿地同样可以满足野生动物对生境的需求；截获从周围土地流向河流的 50% 以上沉积物；控制氮、磷和养分的流失；为鱼类提供有机碎屑，为鱼类繁殖创造多样化的生境
60/80~100	对于草本植物和鸟类来说，具有较大的多样性和内部种；满足动植物迁移和传播以及生物多样性保护的功能；满足鸟类及小型生物迁移和生物保护功能的道路缓冲带宽度；许多乔木种群存活的最小廊道宽度
100~200	保护鸟类，保护生物多样性比较合适的宽度
≥ 600~1200	能创造自然的、物种丰富的景观结构；含有较多植物及鸟类内部种；通常森林边缘效应有 200~600m 宽，森林鸟类被捕食的边缘效应大约范围为 600m，窄于 1200m 的廊道不会有真正的内部生境；满足中等及大型哺乳动物迁移的宽度从数百米至数十公里不等

---

① 崔芳，袁博．水力停留时间对人工湿地净化城市湖泊水体影响[J]．江西农业学报，2011（11）：171-174．

② 朱强，俞孔坚，李迪华．景观规划中的生态廊道宽度[J]．生态学报，2005，25（09）：2406-2412．

人工湿地的建议植物（根据向雷等，2010[①]）　　　　表 3-20

生活类型	生理特点	种类及拉丁名	科属	功能特性
挺水植物	根扎生于水底淤泥，植物的上部或叶挺出水面	芦苇（*Phragmites communis*）	禾本科	挺水植物一般具有很广的适应性和很强的抗逆性，对水质有很好的净化作用，尤其对富营养化水体，对重金属也有一定的吸收作用，生长快，产量高，能带来一定的经济效益，有的耐寒性强，四季常绿，如水芹、灯心草和菖蒲等，通过搭配种植可达到良好的景观效果
		香蒲（*TyPha angustata*）	香蒲科	
		茭白（*Zizania aquatica*）	禾本科	
		灯芯草（*Medulla Junci*）	灯心草科	
		菖蒲（*Acorus calamus* Linn）	天南星科	
		野芋（*Colocasia antiquorum* Schott）	天南星科	
		芭茅（*Miscanthus sinensis* anderss）	禾本科	
		马蹄莲（*Zantedeschia aethiopica* Spreng）	天南星科	
		慈姑（*S. montevidensis*）	泽泻科	
		莲（*Nelumbo nucifera*）	睡莲科	
		伞草（*Cyperus involucratus* Rottb）	莎草科	
浮水植物	植物体完全悬浮水面上或只叶片浮生水面	凤眼莲 [*Eichhornia crassipes* (*Mart.*) *Solms*]	雨久花科	浮水植物大多为喜湿植物，夏季生长迅速，耐污性强，对水质有很好的净化作用，对风浪也有很强的适应性，有的浮水植物具有很强的耐寒性，而且观赏性较强，有一定的经济价值，但扩展能力太强易泛滥
		浮萍（*Lemna minor* Linn）	浮萍科	
		菱角（*Trapa japanica*）	菱科	
		睡莲（*Nymphaea tetragona*）	睡莲科	
		马来眼子菜（*Potamogeton malaianus*）	眼子菜科	
沉水植物	植物体完全沉没于水中，部分根扎生于底泥，部分根悬沉于水中	菹草（*Potamogeton crispus* Linn）	眼子菜科	沉水植物耐寒性强，一般在冬季至初夏季节生长，耐污性不强，对水质有一定的要求，一般作为水体恢复的指示性植物
		金鱼藻（*Ceratophyllum demersum*）	金鱼藻科	

　　雨水湿地的水岸空间是维系湿地稳定、提升湿地景观特质的重要区域。针对不同的岸边环境，设计中应采取不同的水岸空间处理方式[②]。

① 向雷，余李新，王思麒，罗言云．浅论城市滨水区域的生态驳岸设计 [J]．北方园艺，2010（2）：135-138．

② 陈美华，章婕，秦艺，杨学军．城市人工湿地规划设计分析与整合 [J]．中国城市林业，2010（3）：28-30．

生态驳岸是一种适用性较广、生态效果较好的类自然式人工驳岸。它的设计基于自然河岸的可渗透性特点，可以充分保证河岸与河流水体之间的水分交换和调节，同时还具备一定的抗洪强度[1]，并且可以根据立地条件的差异采取不同的构建措施（图3-14）。

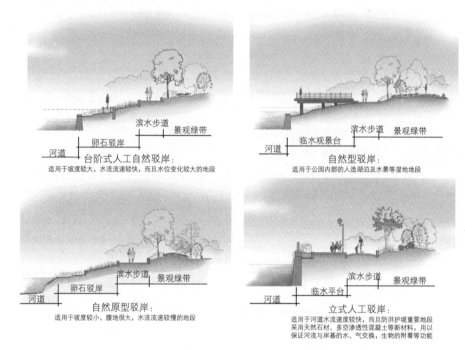

图3-14　生态驳岸的几种设计形式（根据向雷等，2010[2]）

3.2.2　基于粗放管理的立体绿化

应对城市绿化用地紧缺而绿化率亟待提高的矛盾，利用各种构筑物和其他空间结构进行立体绿化，是最佳途径。在低碳城市建设中，立体绿化是一种整体的概念，它的形式可以是墙面绿化、阳台绿化、花架、棚架绿化、栅栏

---

① 田硕. 城市河道护岸规划设计中的生态模式 [J]. 理论前沿，2006（20）：13-16.
② 向雷，余李新，王思麒，罗言云. 浅论城市滨水区域的生态驳岸设计 [J]. 北方园艺，2010（2）：135-138.

绿化、坡面绿化、屋顶绿化等[①]，作为城市雨洪管理过程中重要的源头截流环节、所依附的构筑物的"绿色保温层"以及城市热岛环境中的"绿色空调"，可以发挥显著的节能减排功效。其中，依托各类建筑物、面向城市公共空间建设的墙面绿化和屋顶绿化，是城市绿地系统规划需要涉及的主要立体绿化形式。

1）低碳型墙面绿化

墙面绿化的节能减排效益显著：研究表明，在房屋南面和西面墙体绿化后，可以节约40%～45%的空调能源消耗[②]。传统的墙面绿化是利用藤蔓植物自身的攀爬能力，由于藤蔓植物可生长在地面上，后期管理维护相对比较简单，但植物品种和景观效果较为单一，并且难以在玻璃幕墙等光滑的墙面材质上实现。现代的墙面绿化技术发展历程不过几十年，但已创造了模块式、铺贴式、攀爬或垂吊式、摆花式、布袋式、板槽式等丰富多彩的类型（图3-15）[③]，可以使用更为丰富的植物材料，并可灵活应用于各种材质的墙面。然而，由于墙面环境风速大、温差大、日照差异大等特点，致使现代式墙面绿化的建设和养护要求高昂，且难以维护，稳定性、持久性差：2010年上海世博会的资料显示，采用新开发技术的城市主题馆的墙面绿化成本在1000元/m² 左右，如果再加上技术开发费用和承建方应得的利润及后期养护费用，其综合成本应该要翻番，而国外有公司提供的参考报价更是达到了这个水平的3～4倍[②]。这在很大程度上削减了这类技术的低碳效益，阻碍了其进一步的推广应用。因此，就低碳效益而言，传统的利用落地藤蔓植物绿化建筑立面的方式更为突出。

藤蔓植物落地种植进行墙面绿化，可以分为吸附攀爬型和缠绕攀爬型2种绿化类型。吸附攀爬型是传统的绿化方式，让藤蔓植物直接吸附在墙面上攀爬生长 [图3-16（a）]。缠绕攀爬型绿化则是在墙面的前面安装网状物、格栅或设置混凝土构件，使各种卷攀型、钩刺型、缠绕型植物可借支架攀爬绿化墙面 [图3-16（b）]。

---

① 罗舒雅. 低碳城市空间环境与立体绿化研究 [J]. 安徽农业科学，2015（3）：186-189+192.

② Yamasaki M, Mizutani A, Ohsawa T.Cooling load reductioneffect of green roof and green wall in the case of building with thermal thin wall (Environmental Engineering) [J].Journal of Architecture and Building Science, 2009, 15 (29)：155-158.

③ 黄东光，刘春常，魏国锋，等. 墙面绿化技术及其发展趋势——上海世博会的启发 [J]. 中国园林，2011（2）：63-67.

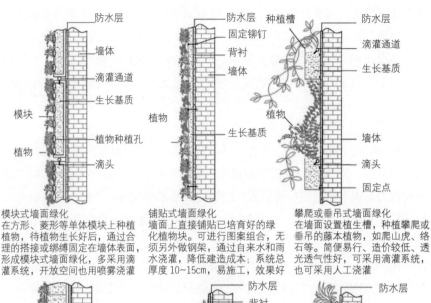

模块式墙面绿化
在方形、菱形等单体模块上种植植物，待植物生长好后，通过合理的搭接或绑缚固定在墙体表面，形成模块式墙面绿化，多采用滴灌系统，开放空间也用喷雾浇灌

铺贴式墙面绿化
墙面上直接铺贴已培育好的绿化植物块。可进行图案组合，无须另外做钢架，通过自来水和雨水浇灌，降低建造成本；系统总厚度10~15cm，易施工，效果好

攀爬或垂吊式墙面绿化
在墙面设置植生槽，种植攀爬或垂吊的藤本植物，如爬山虎、络石等。简便易行、造价较低、透光透气性好，可采用滴灌系统，也可采用人工浇灌

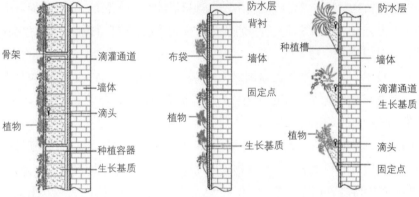

摆花式墙面绿化
在不锈钢、钢筋混凝土或其他材料做成的垂面架中安装盆花实现垂面绿化。安装拆卸方便。植物以时花为主，适用于临时墙面绿化等，采用滴灌方式

布袋式墙面绿化
在做好防水处理的墙面上铺设软性植物生长载体，比如毛毡等，在其上缝制布袋，布袋内装填植物生长基材，然后种植植物，实现墙面绿化，采用渗灌方式

板槽式墙面绿化
在墙面上按一定的距离安装V型板槽，在板槽内填装轻质的种植基质，再在基质上种植各种植物，通过滴灌系统供水

图3-15　现代墙面绿化类型示意图（根据黄东光等，2011①）

　　由于植物的根、枝、叶都会破坏墙体的结构，植物自重也会对墙体造成静态损害，不同种类的墙体植物会对墙体造成不同程度的损害②；而使用三维网格

① 黄东光，刘春常，魏国锋，等．墙面绿化技术及其发展趋势——上海世博会的启发 [J]．中国园林，2011（2）：63-67.
② 龙双畏，吴兵，许强，王聪会，朱卫飞．国内外墙体植物研究综述[J]．安徽农业科学，2013（6）：2545-2547+2561.

（a）同济大学建筑与城市规划学院教学楼内庭院吸附攀爬型绿化效果

（b）同济大学行政楼墙体的缠绕攀爬型绿化效果

图3-16　藤蔓植物落地种植进行墙面绿化

系统支撑缠绕攀爬型绿化（图 3-17），可以使植物脱离墙体，从而避免给墙体带来破坏，是墙体绿化未来的发展趋势[1]。三维网格系统也叫绿色屏幕系统（Green screen），包括三维的金属网格面板和附属构件，结构重量很轻但强度很高，可以挂在各种墙体的前面支撑植物生长，形成大面积的墙体绿化效果；面板可根据设计师的意图进行竖向或横向的连接，也可以根据需要涂成各种颜色，满足不同形状和面积的绿化需求[2]。

墙面绿化所选的植物首先要求具有攀援陡直立面的能力。在具有攀援性能的缠绕类、卷须类、攀附类和吸附类植物中，吸附类植物的攀援能力最为出色。这类植物靠枝叶变态形成吸盘（如地锦）或茎上长出气根（如扶芳藤、常春藤、凌霄、络石等）吸附于他物上。其中地锦通常被用作墙体垂直绿化的先锋植物，适合在我国大部分地区栽植[3]。表3-21是一些在我国表现优良的墙面绿化植物。

① 范洪伟，李海英．藤蔓植物与墙体绿化的结合技术[J]．建筑科学，2011（10）：19-24.
② CIRIA．Green screen [EB/OL]．http://www.ciria.org.uk/buildinggreener/gw_introduction.htm.
③ 张阳，武六元．建筑立体绿化的相关问题研究[J]．西安建筑科技大学学报（自然科学版），2003（2）：166-168+188.

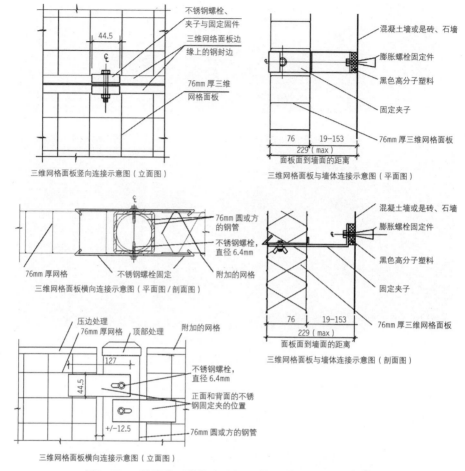

图3-17 三维网格系统设计示意图（根据范洪伟等，2011[①]）

　　由于不同朝向的建筑墙面光照条件不同，墙面绿化植物的选择必须考虑植物生长习性与墙面环境条件的匹配性。一般而言，南面的建筑墙面日照充足，墙面受到的热辐射量大，水分散失快，温度高于周边环境，应选择喜阳耐高温植物；北立面相对周边环境温度较低，相对湿度较大，冬季风影响不利于植物过冬，对植物的耐寒性要求高，适合种植一些耐荫、耐寒植物；西立面要求种植阳生植物，有遮阴的可适当选择耐阴性植物；东立面上则需要尽量选择喜阴、耐高温的植物[②]。

① 范洪伟，李海英．藤蔓植物与墙体绿化的结合技术 [J]．建筑科学，2011（10）：19-24.
② 吴玲，杨金雨露，谢园园，赖齐贤．上海垂直绿墙植物材料的调查 [J]．西北林学院学报，2014（2）：252-256.

适宜于墙面绿化的优良植物材料（根据《中国植物志》）　　　表 3-21

植物名称	拉丁名	分布地区
地锦	*Parthenocissus tricuspidata*	产吉林、辽宁、河北、河南、山东、安徽、江苏、浙江、福建、台湾，生山坡崖石壁或灌丛，海拔 150~1200m
常春藤	*Hedera nepalensis*	分布地区广，北自甘肃东南部、陕西南部、河南、山东，南至广东（海南岛除外）、江西、福建，西自西藏波密，东至江苏、浙江的广大区域内均有生长
忍冬	*Lonicera japonica*	除黑龙江、内蒙古、宁夏、青海、新疆、海南和西藏无自然生长外，全国各省均有分布；生于山坡灌丛或疏林中、乱石堆、山足路旁及村庄篱笆边，海拔最高达 1500m；也常栽培
常春油麻藤	*Mucuna sempervirens*	产四川、贵州、云南、陕西南部（秦岭南坡）、湖北、浙江、江西、湖南、福建、广东、广西
扶芳藤	*Euonymus fortunei*	产于江苏、浙江、安徽、江西、湖北、湖南、四川、陕西等省，生长于山坡丛林中
凌霄	*Campsis grandiflora*	产长江流域各地，以及河北、山东、河南、福建、广东、广西、陕西，在台湾有栽培
薜荔	*Ficus pumila*	产福建、江西、浙江、安徽、江苏、台湾、湖南、广东、广西、贵州、云南东南部、四川及陕西；北方偶有栽培
五叶地锦	*Parthenocissus quinquefolia*	原产北美；东北、华北各地栽培；可向南引种到长江流域

2）简单式屋顶绿化

国内外研究都证明，城市绿化覆盖率达到 50% 以上就可以消除"热岛效应"[①]。中国的城市普遍达不到这一绿化指标。因此，屋顶绿化作为地面绿化的有效补充，可大幅提升城市的绿化覆盖率。并且在直接的"增绿"效益之外，带来更为显著的间接效益：

● 大面积的屋顶绿化可显著削减径流总量和峰值流量，并具有净化雨水、减轻径流污染的作用（图 3-18）；

● 屋顶绿化可保护建筑物不受阳光暴晒，有效减少建筑屋顶的开裂、褪色等问题，延缓屋面老化（图 3-19）；

● 屋顶绿化夏季隔热冬季保温，并可调节环境湿度，既能显著降低建筑能耗，又能够改善局部地区的小气候环境（表 3-22）。

① 梁海东，可淑玲. 庭院立体绿化与建筑节能[J]. 建筑经济，2007，S1：231-232.

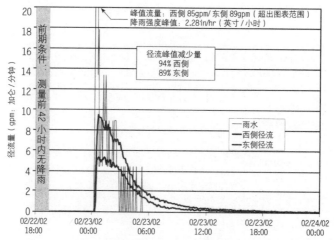

屋顶绿化可滞留雨水，暴雨时可显著降低峰值流量，并在整个降雨过程中表现出更为稳定、缓慢的径流排放。

图3-18　美国波特兰某东西向屋顶绿化的降雨峰值流量削减效果
（图片来源：Tim Kurtz[①]）

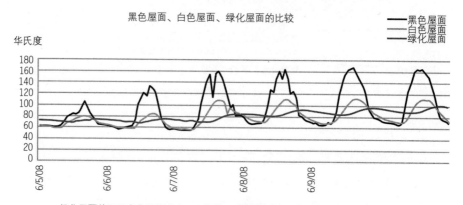

绿化屋面的日温度变化幅度小，可保护、减缓屋顶的防水膜等重要构造老化开裂。

图3-19　不同屋面温度的日变化曲线
（图片来源：Stuart Gaffin98[①]）

　　屋顶绿化一般分为密集型屋顶绿化（Intensive Green Roof，我国称为花园式屋顶绿化）和拓展型屋顶绿化（Extensive Green Roof，我国称为简单式屋顶绿化）2种（表3-23）。前者选择小型乔木、低矮灌木和草坪、地被植

---

① Snodgrass E C, McIntyre L.The Green Roof Manual：A Professional Guide to Design, Installation, and Maintenance[M]. Portland：Timber Press Inc., 2010.

种植屋面隔热效果比较（根据柯宏伟等，2004[①]）　　　　表 3-22

项目	结构名称	通风屋面	覆土种植屋面	无土种植屋面
屋面内表面温度（℃）	最高	35.5	30.8	30.9
	平均	31.6	29.5	29.8
室外空气温度（℃）	最高	34.8	34.8	34.8
	平均	29.5	29.5	29.5

屋顶绿化的类型比较　　　　表 3-23

屋顶绿化类型	基本参数	屋顶承重要求	绿化形式	可否上人	灌溉要求	造价参考	养护费用参考
花园式屋顶绿化	一般花草、蔬菜等浅根系植物覆土 15~30cm；小灌木 35~50cm；大灌木 40~60cm；乔木根深、冠大需覆土 1 m 左右，或设置生态袋树池可减少覆土至 30~50cm[②]	实际重量按不同设计变化；建筑静荷载 ≥250kg/m²，可以选择半密集型屋顶绿化或者密集型屋顶绿化	植树种草、叠山挖池	可上人	需要单独设置灌溉体系	约 260 元 /m²*	平均每年约 14 元 /m²*
简单式屋顶绿化	种植基质层 ≤15cm[③]	每平方米饱和水在 70kg 以下；中国建筑科学研究院提供的资料显示，大中型城市 70% 以上的楼房屋顶承重在 120kg 以上，进行简单式屋顶绿化没有任何问题	利用草坪、地被、小型灌木和攀援植物进行屋顶覆盖绿化；我国的做法多采用草坪，有时也采用景天科耐干旱、低养护的多年生肉质草本植物	一般仅限维修人员进入	一般不需要单独设置灌溉系统，只靠自然降水就可以解决植物养护的问题	约 142 元 /m²**	平均每年约 8 元 /m²**

注：* 参考科技部节能示范楼屋顶花园的费用，绿化面积 890m²，绿化总投资 23 万元[④]；

　　** 参考 2004 年北京市在东城区东四、六条 11 家单位 35 个屋面采用佛甲草进行简单式屋顶绿化的费用，绿化，面积 10596m²，造价为 150 万元人民币[⑤]。

① 柯宏伟，王东涛．改善住宅建筑热环境的生态措施[J]．河南大学学报（自然科学版），2004（2）：103-105．

② 李恒威．夏热冬冷地区屋顶绿化设计研究[J]．科技通报，2013（2）：206-208．

③ Snodgrass E C, McIntyre L. The Green Roof Manual: A Professional Guide to Design, Installation, and Maintenance[M]. Portland: Timber Press Inc., 2010.

④ 王雷，刘自学，王堃．屋顶花园规划及建造中的几个关键问题 [J]．草业科学，2006（8）：103-105．

物进行植物配置，设置园路、座椅和园林小品等供人游憩；后者则利用草坪、地被植物进行简单的屋顶绿化，不提供游览和休憩活动空间。根据我国的建筑设计规范，屋面永久荷载按实计算，不上人屋面的活荷载标准值为 $0.5kN/m^2$，约合 $101.9kg/m^2$；因此对于大量在建造时未做屋顶绿化设计的存量建筑而言，只能选择简单式屋顶绿化。简单式屋顶绿化的造价及后期维护费都远低于花园式屋顶绿化，是相对低碳的屋顶绿化类型。在屋顶绿化发展历史最长、技术相对成熟的德国，80% 的屋顶都采用这种绿化形式[①]。

简单式屋顶绿化的基本结构组成包括植物层、种植基质层（排水、储水、营养）、过滤层、排水层、保护层、防根穿刺层、防水层（图 3-20）。

1 建筑屋顶构造层
2 屋顶平台（隔热、防水）
为保证景观效果并保证房屋的安全性，应在屋面铺设 1~2 道耐水、耐腐蚀、耐霉烂的卷材或涂料
3 保护储备层
4 排水层
5 耐根系穿刺层
6 拓展生长基质
一种是以土壤加入其他改良剂作为基础，另一种是以轻质无机土壤为典型代表
7 种植层
1）所选植物要有很好的抗逆性；
2）备选植物品种生长所需基质量不应超过屋顶设计承重；
3）景观配置需要

图3-20　简单式屋顶绿化结构分层示意图
（根据 Edmund et al., 2010[②]）

在屋顶花园的规划及建造过程中，需要解决承重、防水、防根、安全、基质选择及绿化品种选择等关键问题[②]。对于简单式屋顶绿化，还必须基于现有建筑结构和后期养护不便的制约条件来考虑这些问题的解决，因此在技术上面临的最大问题是基质和绿化材料的选择和设计。

简单式屋顶绿化的基质必须具有轻质、渗透性强、不板结的特性，具有良好保水性能且能提供植物长期生长所需的养分。其基本的设计要点包括：

● 因承重限制，应选择合适的改良土（表 3-24）或无机种植土。其中，

① Philippi P. How to get cost reduction in green roof construction [EB/OL]. http://www.greenroofservice.com/downpdf/Boston%20Paper.pdf

② Snodgrass E C, Mclntyre L. The Green Roof Manual：A Professional Guide to Design, Installation, and Maintenance[M]. Portland：Timber Press Inc., 2010.

有研究推荐节水的栽培基质配方，为草炭 25%、木屑 12.5%、珍珠岩 0、椰糠 62.5% 组合，或是草炭 43%、木屑 25.7%、珍珠岩 25.7%、椰糠 5.6% 组合 [1]。无机种植土在重量、保水和排水性能方面更具有优势（表 3-25），具有更好的应用前景；

●综合重量、削减雨洪、植物生长等方面的考虑，基质厚度应在 7.5～10cm 为宜；如承重条件允许，7.5～12.5cm 的基质对于雨洪管理更为有效。

常用改良土的重量 [根据：《种植屋面工程技术规范》(JGJ 155—2013)]　表 3-24

主要配比材料	配制比例	饱和水密度（kg/m³）
田园土：轻质骨料	1：1：0	≤ 1200
腐叶土：蛭石：沙土	7：2：1	780~1000
田园土：草炭：（蛭石和肥料）	4：3：1	1100~1300
田园土：草炭：松针土：珍珠岩	1：1：1：1	780~1100
田园土：草炭：松针土	3：4：3	780~950
轻沙壤土：腐殖土：珍珠岩：蛭石	2.5：5：2：0.5	≤ 1100
轻沙壤土：腐殖土：蛭石	5：3：2	1100~1300

改良土与无机种植土的性能比较[根据：《种植屋面工程技术规范》(JGJ 155—2013)]　表 3-25

种植土类型	饱和水密度（kg/m³）	有机质含量（%）	总孔隙率（%）	有效水分（%）	排水速率（mm/h）
改良土	750~1300	20~30	65~70	30~35	≥ 58
无机种植土	450~650	≤ 2	80~90	40~45	≥ 200

简单式屋顶绿化的植物则应以常绿为主，具备喜阳、抗逆性强、冬季能露地越冬、抗风不易倒伏、耐短时积水、水肥消耗少、根系浅且穿透力弱、病虫害少、生长缓慢无需修剪等特点，以适应屋顶日照长、风力大、湿度小、水分散发快等特殊的环境条件。景天科植物多植株矮小、抗风能力强、水肥消耗少、耐污染且叶片浓密富海绵组织，含水量大，但在蒸腾作用中不易失水，非常适合屋顶绿化，目前普遍选用的品种为佛甲草、地被景天、反曲景天、"胭脂红"景天、八宝景天、六棱景天、"遍地黄金"等（表 3-26）[2]。但大量使用景天科

① 秦俊，胡永红，王丽勉 . 节水型生态建筑立体绿化栽培基质研究 [J]. 中国农学通报，2007（1）：216-220.

② 李若南，张纵 . 景天科植物在城市立体绿化中的应用探析 [J]. 广东农业科学，2010（8）：88-90.

植物并不利于屋顶生态系统的构建以及城市生物多样性的增加。因此，筛选合适的、生态作用明显的、抗逆性和抗病虫害能力强的野生草本植物进行简单式屋顶绿化，是一大发展趋势。

适于屋顶绿化的常用景天科植物
[根据：《种植屋面工程技术规范》（JGJ 155—2013）]　　　　　表 3-26

名称	学名	形态特征	生态习性
佛甲草	*Sedum lineare*	多年生肉质草本，高 10~20cm，茎初生时直立，后下垂，有分枝，3 叶轮生，无柄，线状至线状披针形，阴处叶色绿，日照充足时为黄绿色，花瓣黄，花期 5~6 月	耐旱性强，喜光照，也耐阴，具有一定的耐寒性；对土壤要求不严
地被景天	*Sedum spectabile*	多年生宿根草本，半常绿，茎匍匐状贴地生长，叶小，早春茎叶红色，夏季绿色，花期 5~7 月，花冠鲜黄色，秋变红	耐寒，极耐旱，忌水温，喜光，对土壤要求不高
反曲景天	*Sedum reflexum*	常绿多年生肉质草本，叶片尖端弯曲，全株灰绿色，花色黄，株高约 15~25cm	喜光，亦耐半阴，耐旱，忌水涝
八宝景天	*Sedum spectabile*	多年生肉质草本，高 30~50cm，地上茎簇生，粗壮而直立，全株略被白粉，呈灰绿色，地下茎肥厚，叶轮生或对生，倒卵形，肉质，具波状齿，伞房花序密集如平头状，花色粉红至玫瑰红色，花序紧凑，花期 7~10 月	性喜强光和干燥、通风良好的环境，能耐 -20℃的低温；喜排水良好的土壤，耐贫瘠和干旱，忌雨涝积水
遍地黄金	*Sedum cv.*	多年生，全株茎叶四季金黄，花金黄色，叶轮生，长约 1.5cm，叶呈圆轮形	耐寒性好，种植区域广，特别耐旱，数月无雨仍可生长良好，耐贫瘠，不择土壤喜阳光充足、凉爽、干燥的环境，耐半阴，怕水涝，忌闷热潮湿，具冷凉季节生长、夏季高温休眠的习性

为了方便施工及后期管理，使用绿化模块进行简单式屋顶绿化（图 3-21），已越来越普遍。绿化模块具有可自由组合并拆装方便的特性，可按需随意拆卸、更换和调整设置，植物品种也可按需培植，尤其是在景观构型方面，可以排列成各种图案，外形美观，工作寿命长，结构简单，具有施工方便、见效快、建设成本和维护保养成本均较低的优点[①]。

---

① 吕伟娅，陈吉 . 模块式立体绿化对建筑节能的影响研究 [J]. 建筑科学，2012（10）：46-50.

图3-21　使用绿化模块的简单式屋顶绿化

3.3　低碳绿化建设

3.3.1　高固碳释氧能力的树种选择

　　单位绿地面积的净日固碳量主要取决于所种植物的单位叶面积固碳量和植物绿量。一般而言，乔木在固碳释氧方面要优于灌木和草坪，而且其养护方便，寿命长，随着树龄的增长，树木绿量会明显增加，包括固碳释氧在内的生态效益也相应增加[1]。因此，选择单位叶面积固碳能力相对较强的树种（表3-27），建设以乔木为主的、乔灌草复层结构的绿化，可达到绿地固碳释氧效能的最优化。

---

[1]　郭新想，吴珍珍，何华．居住区绿化种植方式的固碳能力研究 [A]．中国城市科学研究会，中国绿色建筑委员会，北京市住房和城乡建设委员会．第六届国际绿色建筑与建筑节能大会论文集 [C]．北京，2010．

单位叶面积固碳能力较强的常用绿化树种（根据相关研究归纳聚类）　表 3-27

单位叶面积固碳量	生活型	中文名	拉丁名
高	乔木	臭椿	*Ailanthus altissima*
		刺槐	*Robinia pseudoacacia*
		榆树	*Ulmus pumila*
		糖槭	*Acer saccharum*
		绦柳	*Salix matsudana*
		梓树	*Catalpa ovata*
		白桦	*Betula platyphylla*
	小乔木	黄栌	*Cotinus coggygria*
		火炬树	*Rhus typhina*
较高	乔木	柿树	*Diospyros kaki*
		水曲柳	*Fraxinus mandshurica*
		枇杷	*Eriobotrya japonica*
		国槐	*Sophora japonica*
		侧柏	*Platycladus orientalis*
		七叶树	*Aesculus chinensis*
		广玉兰	*Magnolia grandiflora*
		复羽叶栾树	*Koelreuteria bipinnata*
		山楂	*Crataegus pinnatifida*
		山杜英	*Elaeocarpus sylvestris*
		垂柳	*Salix babylonica*
		香樟	*Cinnamomum camphora*
		核桃楸	*Juglans mandshurica*
		黄葛树	*Ficus virens*
		悬铃木	*Platanus hispanica*
		辽杏	*Prunus mandshurica*
		樱花	*Prunus lannesiana*
		元宝枫	*Acer truncatum*
		旱柳	*Salix matsudana*
	小乔木	桃叶卫矛	*Euonymus bungeanus*
		紫叶李	*Prunus ceraifera*
		暴马丁香	*Syringa reticulata*
		苏铁	*Cycas revoluta*
		四川苏铁	*Cycas szechuanensis*
		碧桃	*Prunus persica*

相关研究文献:

[1]　史红文，秦泉，廖建雄等.武汉市 10 种优势园林植物固碳释氧能力研究 [J].中南林业科技

大学学报，2011，31（9）：87-90.

[2] 徐玮玮，李晓储，汪成忠，何小弟，陆建飞，黄利斌. 扬州古运河风光带绿地树种固碳释氧效应初步研究 [J]. 浙江林学院学报，2007（5）：575-580.

[3] 张娇，施拥军，朱月清，刘恩斌，李梦，周建平，李建国. 浙北地区常见绿化树种光合固碳特征 [J]. 生态学报，2013（6）：1740-1750.

[4] 代色平，熊咏梅. 广州市8种常用园林植物生态特性比较 [J]. 福建林业科技，2013（1）：59-62.

[5] 张艳丽，费世民，李智勇，孟长来，徐嘉. 成都市沙河主要绿化树种固碳释氧和降温增湿效益 [J]. 生态学报，2013（12）：3878-3887.

[6] 于雅鑫，胡希军，金晓玲. 12种木兰科乔木固碳释氧和降温增湿能力研究 [J]. 广东农业科学，2013（6）：47-50+60.

[7] 董延梅，章银柯，郭超，周丽丽. 杭州西湖风景名胜区10种园林树种固碳释氧效益研究 [J]. 西北林学院学报，2013（4）：209-212.

[8] 林萌，郭太君，代新竹. 9种园林树木固碳释氧生态功能评价 [J]. 东北林业大学学报，2013（6）：29-32.

[9] 陈月华，廖建华，覃事妮. 长沙地区19种园林植物光合特性及固碳释氧测定 [J]. 中南林业科技大学学报，2012（10）：116-120.

[10] 丁向阳. 南阳市城市森林主要植物的生态效益 [J]. 中南林业科技大学学报，2007（4）：142-146.

[11] 王忠君. 福州植物园绿量与固碳释氧效益研究 [J]. 中国园林，2010（12）：1-6.

[12] 李欣，蒋华伟，李静会，江君，靖晶，姜红卫. 苏州地区10种常见园林树木光合特性研究 [J]. 江苏林业科技，2014（1）：20-23.

[13] 郭杨，卓丽环. 哈尔滨居住区常用的12种园林植物固碳释氧能力研究 [J]. 安徽农业科学，2014（17）：5533-5536.

[14] 胡耀升，么旭阳，刘艳红. 北京市几种绿化树种的光合特性及生态效益比较 [J]. 西北农林科技大学学报（自然科学版），2014（10）：119-125.

[15] 饶显龙，王丹，吴仁武，洪骏建，祁立南，董延梅，包志毅. 杭州西湖公园6种木兰科植物固碳释氧能力 [J]. 福建林业科技，2014（3）：1-5.

[16] 刘嘉君，王志刚，阎爱华，毕拥国. 12种彩叶树种光合特性及固碳释氧功能 [J]. 东北林业大学学报，2011（9）：23-25+30.

[17] 韩焕金. 城市绿化植物的固碳释氧效应 [J]. 东北林业大学学报，2005（5）：68-70.

[18] 陆贵巧，尹兆芳，谷建才，孟东霞，武会欣，李永杰. 大连市主要行道绿化树种固碳释氧功能研究 [J]. 河北农业大学学报，2006（6）：49-51.

[19] 李想，李海梅，马颖，刘培利. 居住区绿化树种固碳释氧和降温增湿效应研究 [J]. 北方园艺，2008（8）：99-102.

3.3.2 节约型园林绿化的规划设计

从减排的角度，低碳绿化就是节约型园林绿化，即低能耗、低污染、低排放的园林绿化建设和运营模式。

建设部于 2007 年 8 月 30 日出台了《关于建设节约型城市园林绿化的意见》，开始推行建设节约型城市园林绿化。就词义而言，节约型园林绿化，就是以最少的资源和资金投入，实现园林绿化最大的综合效益，促进城市园林绿化自身的可持续发展[①]。为此，需要按照自然资源和社会资源循环与合理利用的原则，采取节地、节土、节水、节能、节材等技术措施，在城市园林绿化规划设计、建设施工、养护管理等各个环节中最大限度地节约各种资源，提高资源使用效率，减少资源消耗和浪费，获取最大的生态、社会和经济效益[②]。

就城市绿地规划设计而言，由于其处于城市园林绿化建设周期的初始阶段，不仅需要采取针对自身环节的节约举措，还需要兼顾后期建设施工、养护管理等环节的节约要求。可采取的具体措施包括：

●节地措施：布局科学的绿地结构，提升城市绿地系统的生态效能；

精简绿化用地，并合理设计提高绿地的使用率，保证绿地系统的服务品质；

推行复层种植模式，提升城市的三维绿量，改善绿地的生态效益与环境效益；

发展立体绿化，在不增加绿化用地的前提下提升城市的绿化覆盖率；

●节土措施：适地适树，减少乃至避免使用客土；

对园林垃圾进行基质化处理与再利用；

●节水措施：充分蓄积雨水、利用中水用于绿化灌溉和景观用水；

调整绿化种植结构，充分利用乡土植物、模拟自然群落建设低维护绿化，削减灌溉用水；

推进节水灌溉，以自动喷、微灌、滴灌等技术取代漫灌等传统的灌溉方式；

---

① 黄小飞，杨柳青. 浅议节约型园林绿化及其主要类型 [J]. 湖南林业科技，2010（1）：54–56+59.

② 杨思勇. 建设节约型园林绿化 实现城市可持续发展 [J]. 河北林业科技，2010（1）：51–52.

- 节能措施：推行绿色设计，采用绿色建筑、必要照明等设计理念，降低
  设施运行能耗；
  采用绿色能源技术，增加可再生的清洁能源使用比例；
- 节材措施：对废弃材料进行回收，在景观建设中予以再利用；
  推行必要设计理念，避免因过度设计造成的建设性浪费；
- 节财措施：选择乡土树种和本地建材，发展本地苗木培育繁殖基地，降
  低绿地造价；
  设计管理粗放型的景观，节约后期的维护成本。

3.3.3 低维护的乡土植物应用

在 2007 年建设部下发的《关于建设节约型城市园林绿化的意见》中，乡土植物的推广应用是营造节约型园林的重要工作之一。

乡土植物又称本土植物（Indigenous Plants），在长期的自然选择中对当地的自然地理条件，尤其是气候、土壤条件具有稳定适应性的树种，已融入当地的自然生态系统；一些经过长期栽培驯化的外来树种，已经具备了乡土树种的特性，也可视为乡土树种[1]；另有一些引种时间不长、但由于环境的相似性、引种后迅速适应当地自然地理条件、并能完成其生活史、成为本地自然植物区系的重要组成部分的树种，或是处于同一气候带的周边地区有自然分布、本地区由于人为因素等暂无分布的树种，同样可视为乡土树种[2]。由于乡土树种通过长期演化，对当地土壤和气候的适应性良好，抗逆性强，易成活，在本地的自然植物区系中通常形成了相互适应和平衡的物种组成结构,能自然繁衍成林，且具有较强的抗病虫害能力、易于养护管理，在生态环境效益、景观效果、资源和能源节约、综合经济效益等方面都是外来树种所不可比拟的。因此，人工建设的城市绿地，应尽可能地利用乡土植物作为城市绿化的主要树种，模拟、改造或创造类自然的群落，推进节约型园林绿化的建设。

中国每个省市的乡土树种相互交叉，并没有绝对的界限；但宏观地看，不同地区的乡土树种各具特色（表 3-28）。随着城市化程度的加深，乡土植物多样性面临减少[3]。因此，在城市绿化建设中，进行地区性的植被分区划分，按照植被分区进行调查研究，筛选适宜园林绿化使用的地区性乡土树种，并建立

---

① 黄小飞. 浅议乡土树种在节约型园林绿化中的应用[J]. 湖南林业科技, 2009 (4)：65-67.
② 王永昌. 城市绿化中植物的选择和配置[J]. 江苏林业科技, 2009 (6)：41-42.
③ 雷一东，金宝玲. 同质化背景下城市植物多样性的保护[J]. 城市问题, 2011 (8)：28-32.

全国性的协作机制，汇总形成国家层面的乡土植物资源保护和发展名录，是一项必不可少的基础工作。目前，很多城市已经开展了地区性乡土树种的筛选工作：如北京作为重度缺水城市，为推进绿化节水，于 2014 年出台了《节水型乡土植物资源发展名录》，从乡土植物中优选了 82 种耐旱的乔木、灌木和草本

不同地区园林绿化中使用的乡土特色树种（根据蒋春等，2013[①]）　　表 3-28

地区	乡土树种	
	中文名	拉丁名
东北地区	冷杉	*Abies fabri*（Mast）Craib
	杜松	*Juniperus rigida* Sieb．et Zucc．
	水曲柳	*Fraxinus mandshurica* Rupr．
	白桦	*Betula platyphylla* Suk．
华东地区	银杏	*Ginkgo biloba* L．
	垂柳	*Salix babylonica* L．
	榉树	*Zelkova schneideriana*
	朴树	*Celtis sinensis*
	乌桕	*Sapiu m sebiferum*
中原地区	牡丹	*Paeonia suffruticosa*
	樱桃	*Cerasus pseudocerasus*
	石榴	*Punica granatum* Linn．
西南地区	珙桐	*Davidia involucrata* Baill
	川滇高山栎	*Quercus aquifolioides* Rehd．et Wils．
	红豆树	*Ormosia hosiei* Hemsl．et Wils
华南地区	木棉	*Gossampinus malabarica*（DC．）Merr．
	凤凰木	*Delonix regia*（Boj．）Raf．
	芭蕉	*Musa basjoo* Sieb．et Zucc．
	榕树	*Ficus microcarpa* L．
	橡胶树	*Hevea brasiliensis*
新疆	阿月浑子	*Pistacia vera* L．

① 蒋春，唐晓岚．公园营造中地域特色的要素分析 [J]．江苏林业科技，2013（1）：25-27+57．

植物，作为今后北京城乡绿化的新主力；南京^①等城市编制了本地的乡土植物名录；昆明、盐城等城市在新编的城市园林植物名录中，也增加了大量的本地区乡土植物。而乡土植物在城市绿地建设中的推广应用，则有赖于充分的苗木供应。因此，建设乡土植物苗圃基地，应该作为每个城市未来生态基础设施建设的一大战略^②。

---

① 《南京市乡土植物种类名录》可参见网页 http：//www.njyl.com/article/s/581094-296604-8.htm
② 俞孔坚,李迪华,潮洛蒙．城市生态基础设施建设的十大景观战略[J]．规划师,2001(6)：9-13+17．

CHAPTER 4

第 4 章　技术－实践的对接

4.1　一个探索案例

2014年借上海虹桥商务区低碳发展实践区的推进工作，在虹桥地区选取典型区域（图4-1），对其城市和绿地建设状况进行了调研，并对其低碳功能和低碳化建设潜力进行了初步评估，以期对一直以来的城市绿地建设的低碳水平达成较为客观的认识，并借此机会实证低碳绿地规划研究的理论和技术方法。整个研究过程是一个不断探索既有理论和技术如何与实践操作进行对接的尝试过程，研究方法和初步结论对当前的城市绿地低碳化建设的规划实践具有一定的启示和借鉴意义。

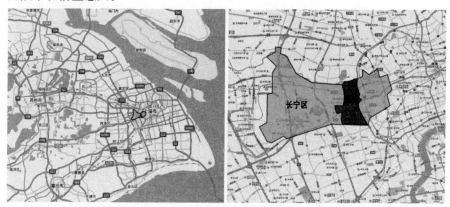

研究区域位于上海市长宁区中部的虹桥地区，北邻苏州河，南至古羊路，西侧为古北路，东侧为中山西路，南北长约3.2km，东西宽约1.6km，共489.5hm²

▭▭ 规划范围
▭▭ 仙霞街道
▭▭ 天山街道　区域内包括天山街道的全部以及
▭▭ 华阳街道　华阳、古北、仙霞街道的局部地区，
▭▭ 古北街道　常住人口约13.99万人

图4-1　研究区位和范围

虹桥地区是上海的传统涉外区域 [图4-2 (a)]，其建设发展一直具有引领示范作用。在上海市八个低碳发展实践区[①]中，虹桥商务区 [图4-2 (b)] 率先启动建设，已于2010年7月21日开始试行低碳建设导则。导则中涉及绿地和绿

---

① 指长宁虹桥地区、黄浦外滩滨江地区、徐汇滨江地区、奉贤南桥新城、崇明县、虹桥商务区、临港地区、金桥出口加工区。

上海市虹桥经济开发区

（a）

该地区的虹桥经济开发区 1979 年开始规划，1983 年启动建设，1986 年经国务院批准成为国家级开发区。作为第一批 14 个经济技术开发之一，虹桥经济开发区曾是中国当时唯一以外贸中心为特征，集展览、展示、办公、餐饮、购物为一体的新兴商贸和商务区，是全国最早以发展服务业为主的国家级开发区，也是全国唯一辟有领馆区的国家级开发区；由于占地面积仅 0.652km²，又是面积最小的国家级开发区

上海市低碳发展实践区之虹桥商务区

（b）

随着近年来节能减排、转型发展工作的展开，2011 年 5 月 8 日，虹桥地区东至内环线（中山西路）、西至古北路和芙蓉江路、北至玉屏南路、南至黄金城道的虹桥商务区正式挂牌成为八个"上海市低碳发展实践区"之一，开始成为"十二五"期间长宁区节能减排工作的抓手。实践区面积为 3.15km²，占全区面积 8.47%，共有 8 万人口，经济总量占全区 28.46%。实验区内将试点推行一系列低碳实践试点项目，涵盖建筑、交通、行为减排节能等多个方面，并将向整个长宁区推广

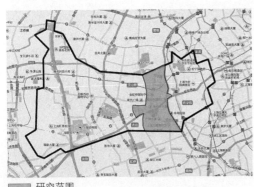

研究范围

（c）

研究区域涵盖了虹桥经济开发区的全部以及虹桥商务区的主要范围，南北向贯通包括了长宁区典型的建设类区，并纳入了古北路以西的虹桥迎宾馆片区和中山北路以东的延天绿地片区这两片绿化建设较好的片区

图4-2　研究区域与虹桥地区建设发展的衔接

化建设的部分，针对绿地率、屋顶绿化率、分质灌溉、雨水和河水回用等方面提出了建设目标和实施措施建议（表4-1）。但由于缺少对现状绿地和绿化建设水平和低碳化建设发展潜力的客观测评，这些低碳建设目标的设置缺乏客观依据。

因此，本实证研究选择区域内建设类型相对全面的虹桥地区为案例，对其中不同建设类型的区域进行了绿地低碳功能的探索性评价和低碳化建设的潜力研究，以便为相关规划建设导则的进一步完善提供指导依据。为尽量纳入相对全面的建设类型提供借鉴，研究区域除了虹桥经济开发区的全部和虹桥商务区的主要范围，还纳入了周边的一些较为典型的城市建设类型区和集中绿地［图4-2（c）］。但由于使领馆区、在建地块、部分高档小区和单位不便调研，最终操作的调研地块如图4-3所示。

无数据地块

图4-3　调研地块分布

虹桥商务区与绿地和绿化建设相关的低碳建设目标
［根据：《上海市虹桥商务区低碳建设导则》（试行），2010］　　　表 4-1

区域绿化建设目标：
1. 公共绿地率不低于 20%，南北商务商贸组团绿地率不低于 35%，中心商业商务组团绿地率不低于 20%，滨水休闲带绿地率达 40%；
2. 80% 以上的建筑物屋顶进行屋顶绿化

水资源利用建设目标：
1. 强化商务区雨水入渗、收集和利用，降低区域雨水径流系数，减轻排水系统负荷；
2. 按高质高用、低质低用的原则，生活用水、景观用水和绿化用水等按水质要求分别提供、梯级处理回用；
3. 沿河周边绿化灌溉 100% 采用河道水，市政绿化灌溉宜优先采用回用雨水

4.1.1　虹桥地区城市建设及类型研究

图4-4、图4-5 和图4-6 分别反映了研究区域内地块用地类型、地块建筑密度以及建筑年代、层数和类型的差别。由北往南，研究区域内可以大致区分虹桥地区较为典型的四大建设类区（图4-7）：

● 建设类区一：20 世纪 80 年代，尤其是 90 年代以后，受旧区改建和房地

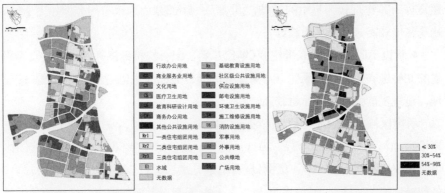

图4-4　研究区域的地块用地类型①　　　　图4-5　研究区域的地块建筑密度聚类

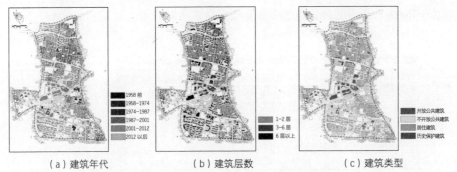

（a）建筑年代　　　　　　（b）建筑层数　　　　　　（c）建筑类型

图4-6　研究区域的建筑年代、层数和类型

图4-7　研究区域的建设类区分布

产建设的推动，在苏州河沿岸、天山路一带建设的新型住宅小区，以建筑密度较低的多层、小高层和高层混合排布为特征；

● 建设类区二：新中国成立以后配合改善棚户简屋生活环境，从1952年开始天山新村的建设，以建筑密度较高、规整排布的多层住宅为特征；

● 建设类区三：针对虹桥经济开发区和虹桥商务区的开发建设，办公楼、宾馆、展会、商场

① 按照《上海控制性详细规划技术准则》（沪府办[2011]51号发）中的城乡建设用地分类。

建筑等公共建筑较为集中的区域，混杂了一小部分尚未改造的老旧住宅小区，建筑密度较高，环境品质较好；

● 建设类区四：以 20 世纪 80 年代开始，配合虹桥经济开发区的建设而兴建的虹桥迎宾馆、古北新区（上海最大的涉外高标准住宅综合区）为核心的区域，建筑密度低，环境品质较高。

研究区域内的绿地包括公园绿地和附属绿地。依据《城市用地分类与规划建设用地标准》（GB 50137—2011）核算，公园绿地率仅 6.5%，人均公园绿地面积仅 2.3m^2（表 4-2）；依据《城市绿地分类标准》（CJJ/T 85—2002）核算，公园绿地率为 9.3%，绿地率为 33.1%（表 4-3）。公园绿地率距虹桥商务区低碳建设目标中 20% 的公共绿地率指标要求还很远；并且由于统计口径的差别，依据不同标准获得的公园绿地率核算结果存在明显偏差。

城市绿地统计表 [依据《城市用地分类与规划建设用地标准》（GB 50137—2011）]　表 4-2

用地代码	用地名称		面积（hm^2）	占城市建设用地（%）	人均（m^2/人）
G	绿地		31.98	6.5%	2.3
	其中	公园绿地	31.98	6.5%	2.3
		防护绿地	0.00	0.0%	0.0
		广场	0.00	0.0%	0.0
总计	总用地		489.50	100.0%	35.0

城市绿地统计表 [依据《城市绿地分类标准》（CJJ/T 85—2002）]　　表 4-3

序号	类别代码	类别名称	面积（hm^2）	绿地率**（%）	人均绿地面积***（m^2/人）
1	G1	公园绿地	31.98	9.3%	2.3
2	G2	生产绿地	0.00	0.0%	0.0
3	G3	防护绿地	0.00	0.0%	0.0
		小计	31.98	9.3%	2.3
4	G4	附属绿地*	81.86	23.8%	—
		中计	113.84	33.1%	—
5	G5	其他绿地	0.00	0.00%	0.0
		合计	113.84	33.1%	—

注：　* 　道路附属绿地率均通过道路断面估算，故未计入附属绿地总面积；
　　　** 　因部分地块未能调研附属绿地情况，此处绿地率核算使用了调研地块的总面积，共计 343.69hm^2；
　　　*** 因缺少地块人口面积，人均公园绿地面积仍依现状常住人口 13.99 万人核算，人均附属绿地面积不予核算。

将各个建筑分区单独核算，由于不同建设时期对于景观环境的认识以及受到相关法规的约束存在差异，各分区间的绿地总量存在显著差别（表 4-4）：

● 20 世纪 80 年代以及之前建设的地块（建设类区二），绿地总量明显匮乏；

● 20 世纪 90 年代及之后建设的地块（建设类区一、三、四），绿地总量显著增加；

● 公园绿地的配置明显倾向于公共区域（建设类区三）和高档社区（建设类区四）；

● 建设类区一距虹桥商务区低碳建设目标中 40% 的滨水休闲带绿地率指标要求仍有差距；

● 建设类区三的附属绿地率已达到虹桥商务区低碳建设目标中 20% 的中心商业商务组团绿地率指标要求，但距 35% 的南北商务商贸组团绿地率目标仍有差距。

各建设类区绿地统计表 [依据《城市绿地分类标准》（CJJ/T 85—2002）] 表 4-4

建设类区	调研地块面积（hm²）	绿地分类	绿地面积（hm²）	绿地率（%）
建设类区一	45.29	公园绿地	2.57	5.7
		附属绿地	14.13	31.2
	小计		16.70	36.9
建设类区二	53.43	公园绿地	0.00	0.0
		附属绿地	8.19	15.3
	小计		8.19	15.3
建设类区三	133.25	公园绿地	17.41	13.1
		附属绿地	28.60	21.4
	小计		46.01	34.5
建设类区四	111.72	公园绿地	12.00	10.7
		附属绿地	30.94	27.7
	小计		42.94	38.4

其中，公园绿地 31.98hm²，主要包括区域性公园一个（新虹桥中心花园）、专类公园一个（宋庆龄陵园），其余则较小且布局零散（图 4-8）。研究区域内公园绿地极为缺乏，且分布不均衡，主要集中在研究区域南部的建设类区三（公共建筑较为集中）和建设类区四（以低密度高档社区为主）。

研究区域内的附属绿地分布广泛（图 4-9），面积总量相对较大（其中调研地块内附属绿地的总面积为 81.86hm²）。但由于历史遗留原因、以及与公园绿地相比监管更为困难，附属绿地率不达标的情况较为普遍（图 4-10）。综合比对《上海市虹桥商务区低碳建设导则》（试行）、《上海市绿化条例》和《城

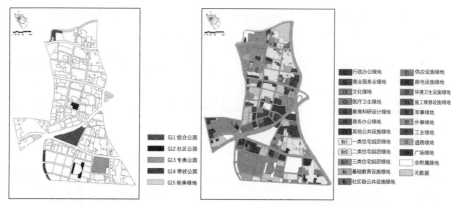

图4-8　公园绿地分布　　　　　　图4-9　附属绿地分布①

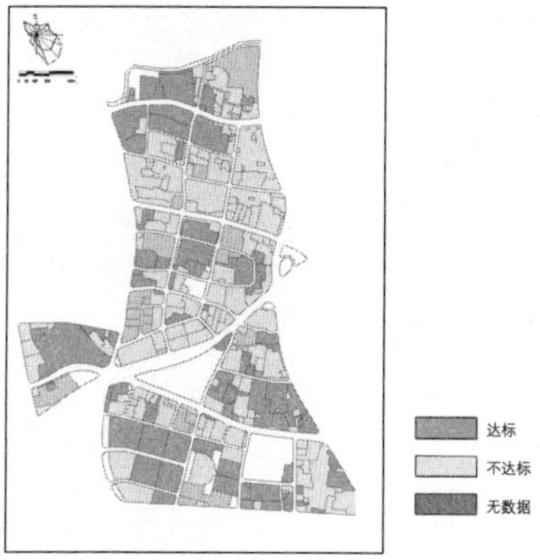

图4-10　调研地块的附属绿地达标分布

市园林绿化评价标准》的相关规定，以及《城市道路绿化规划与设计规范》（编号CJJ75—97）中对道路绿地率的规定（表4-5），调研地块附属绿地的达标率仅29.2%②，道路附属绿地的达标率仅15.7%③，且各用地类型（图4-11）和建设类区（表4-6）之间的差异较大：

● 居住用地在调研地块中所占比重最大，其附属绿地率不达标的主要是一些建设较早的老旧小区，新建的小区尤其是高档小区，附属绿地数量配置均较为理想；因此，居住附属绿地率不达标应属历史遗留问题，但由于老小区的建筑密度较高，改造加建绿地困难重重；

● 公共设施用地在调研地块中也占了相当的比重，且多为20世纪80年代之后建设，其中不乏近十来年内新建的设施，但附属绿地达标情况却不容乐观；反观《上海市虹桥商务区低碳建设导则》（试行）中，对于中心商业商务组团绿地率的目标设定仅为20%，远低于35%的外围南北商务商贸组团绿地率的设定目标；因此对于公共设施地块，经济逐利会给附属绿地建设带来更大的困难；

● 路面交通、道路两侧商业空间与绿化争地，是道路附属绿地增量始终要

① 图中的附属绿地分类是按照《上海控制性详细规划技术准则》（沪府办[2011]51号发）中的城乡建设用地分类区分的，以与用地现状相对应。

② 按达标地块数量占调研地块总数的比例。

③ 按达标路段数量占调研路段总数的比例。

面对的使用功能与生态效益之间的难题；研究区域内的达标路段主要分布在中部（虹桥经济开发区和虹桥商务区的核心区段）、南部（古北涉外高标准社区）以及北部的天山路（1995 年开始进行了一次大规模拓宽改建，且道路两侧商业建筑较少）；因此，规划的控制和导向，对于道路绿地率具有决定性作用。

附属绿地率达标要求汇总表　　　　　　　　　　　　　　　表 4-5

类别代码	类别名称	绿地率达标要求
G41	居住绿地	新建：≥ 35%；改建：≥ 25%
G42	公共设施绿地	行政办公、商业金融：≥ 30%*；文化、体育、医疗、教育、社区服务 ≥ 35%
G46	道路绿地	园林景观路≥ 40%；红线宽度大于 50m 的道路≥ 30%；红线宽度在 40~50m 的道路≥ 25%；红线宽度小于 40m 的道路≥ 20%

注：*取《上海市虹桥商务区低碳建设导则》（试行）中对于不同区位商务商贸组团绿地率要求的折中值。

　　达标　　不达标　　　　　　　达标　　不达标　　　　　　　达标

（a）居住绿地　　　　　　　（b）公共设施绿地　　　　　　　（c）道路绿地

图4-11　主要附属绿地达标分布

各建设类区调研地块的附属绿地率达标情况　　　　　　　　表 4-6

建设类区	附属绿地调研地块数量	达标地块数量	达标率（%）
建设类区一	35	14	40.0
建设类区二	51	1	2.0
建设类区三	123	37	30.1
建设类区四	58	26	44.8
合计	267	78	29.2

4.1.2 虹桥地区绿地的低碳功能评价

1）绿地的直接低碳功能评价

调研地块的绿地低碳功能评价是基于详细的地块绿地和植被调研数据进行的。调研的精度设计是根据碳汇和碳排估算要求确定的，具体调研内容包括地块中的绿地分布、主要树种、乔木胸径、株数和灌草面积等（图4-12）。

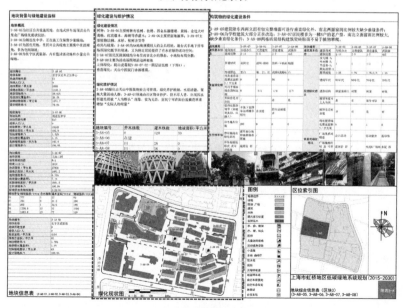

（a）现场调研记录表

（b）地块信息汇总图则

图4-12　地块调研图表示例

碳汇评价是按照林宪德提出的亚热带地区不同种植类型的绿地的单位面积二氧化碳固定量 G_i（kg/m^2）（参见表3-10），比对现场调研情况，估算乔木（落叶及常绿）、灌木树篱（落叶及常绿）及地被草坪碳汇量之和（估算方法见表4-7），来反映地块的碳汇总量和单位面积碳汇量，进而通过各地块单位面积碳汇量的比较聚类，认识各地块间的碳汇功能差异。

地块中各种种植类型的碳汇量及其总和估算方法　　　　　　　表4-7

种植类型	单位植栽面积 CO_2 固定量 G_i（kg/m^2）	地块栽植面积 S（m^2）	地块碳汇总量 C（kg）	单位面积碳汇量 $\overline{C}$（kg/m^2）
乔木	取阔叶大乔木、阔叶小乔木、针叶乔木、疏叶乔木的 CO_2 固定量平均值 $G_{乔}$ =（900+600+400）/3=633	根据地块针阔叶树种和大小乔木的比例，按照平均每 1~3$m^2$1 株，将乔木株数折算成栽植面积 $S_{乔}$	$C=G_{乔}\,S_{乔}+G_{灌}\,S_{灌}+G_{草}\,S_{草}$	$\overline{C}=C/A$
灌木	300	$S_{灌}$ 为现场测算面积		
地被草坪	20	$S_{草}$ 为现场测算面积		

注：A 为地块面积或地块内的绿地总面积（m^2）。按地块面积测算的单位地块面积碳汇量，可反映地块绿地率和绿化结构对于碳汇水平的综合影响；按地块内绿地总面积测算的单位绿地面积碳汇量，则主要反映地块绿化结构对于碳汇水平的影响。单位面积碳汇量可消除因地块或绿地面积悬殊导致的碳汇量差异，实现更为合理的地块间碳汇水平比较。

碳排评价则囿于建设数据和养护统计数据的欠缺，只能依据《上海市绿地养护年度经费定额》（简称《定额》）中对于各种植物的养护价格规定，按照调研的植被数量，估算乔木（落叶及常绿）、灌木树篱（落叶及常绿）及地被草坪的养护概算总和（估算方法见表4-8），来反映地块的碳排总量和单位面积碳排量，进而通过各地块单位面积养护概算的比较聚类，认识各地块间的碳排功能差异。由于《定额》是基于长期的养护管理经验编制的，在一定程度上可反映实际的绿地养护水平，进而反映绿地的碳排水平。

研究区域各地块的碳汇和碳排评价结果分布如图4-13和图4-14所示：

● 图4-13（a）中的高碳汇地块，绿化结构都具有较高的乔、灌木比例（表4-9），公园绿地尽管绿地总量大，但单位绿地面积的碳汇水平并不具优势；而图4-13（b）中单位地块面积的碳汇水平较高的地块，则都是绿地总量占优的公园绿地（参见图4-8）或是附属绿地率较高的各类用地（参见图4-10）；大量的地块在两张图中反映为截然不同的碳汇水平分级，说明相较于绿化结构，

地块中各种种植类型的养护概算及其总和估算方法　　　　表 4-8

种植类型	养护概算基值 K	种植数量	各类种植的养护概算 P_i（元）	地块养护概算 P（元）	单位面积养护概算 $\bar{P}$（元／m²）
乔木	将乔木分为落叶和常绿两类，并分别按照胸径（cm）大小分为六个区间（0~7、7~15、15~25、25~35、25~40、40 以上），针对各胸径区间查对《定额》，分别计算出落叶和常绿树中孤植树、树丛和树林三类的平均养护基价，作为各区间的计算基值 $K_乔$（元／株）①	实测株数 $N_乔$（株）	$P_乔 = \sum K_乔 N_乔$	$P = P_乔 + P_灌 + P_草$	$\bar{P} = P/A$
灌木	同样分为落叶和常绿两类，并按照高度（cm）分为六个区间（0~100、100~200、100~200、200~300、300~400、400 以上），针对各高度区间查对《定额》，分别计算出落叶和常绿灌木的平均养护基价，作为各区间的计算基值 $K_灌$（元／株）	根据实测面积，按照平均每平方米 5 株，折算灌木株数 $N_灌$（m²）	$P_灌 = \sum K_灌 N_灌$		
地被草坪	按调研品种直接查对《定额》中相应类型的草坪或地被的养护基价，作为计算基值 $K_草$（元／m²）	实测面积 $S_草$（m²）	$P_草 = \sum K_草 S_草$		

注：A 为地块面积或地块内的绿地总面积（m²）。按地块面积测算的单位地块面积养护概算，可反映地块绿地率和绿化结构对于碳排水平的综合影响；按地块内绿地总面积测算的单位绿地面积养护概算，则主要反映地块绿化结构对于碳排水平的影响。单位面积养护概算可消除因地块或绿地面积悬殊导致的养护差异，实现更为合理的地块间碳排水平比较。

绿地率对于整个地块的碳汇能力具有更为显著的影响；

● 图 4-14（a）中反映的单位绿地面积的碳排水平，在《定额》的统一规范下养护水平相对较为一致，但其中绿化结构中乔木或灌木的占比都非常突出的个别地块（主要是商务类地块），由于《定额》中乔木和灌木的养护基价普遍高于地被草坪，尤其是景观效果突出的大型、常绿乔灌木的养护基价更高，致使这些地块的养护水平偏高（表 4-10）；而图 4-14（b）中单位地块面积的高养护地块则明显集中在商办类公共设施较为集中的建设类区三以及高标准社区为主的建设类区四，主要是该区域内绿地率较高的部分公园绿地和高标准住

---

① 举例说明：当胸径小于 7cm 时，常绿孤植树的单位基价为 24.04，树丛为 18.51，树林为 14.19，其平均值为（24.04+18.51+14.19）/3=18.92（元／株），则此胸径区间内常绿乔木的计算参数为 18.92（元／株）。

区（参见图 4-8 和图 4-10）。

因此，地块的绿地碳汇水平和绿化养护水平是地块绿地率和绿化结构综合作用决定的。总体上讲，地块绿地率对于地块整体的绿地低碳功能影响显著，而绿化结构决定了地块绿地自身的低碳功能。但由于碳汇以及当前的绿化养护费用，都与绿地总体绿量尤其是乔灌木数量成正比，因此碳汇水平较高的地块，养护水平一般也比较高。研究区域内只有一个高碳汇、低养护的地块特例——圣美邸的绿地建设情况（表 4-11），其乔灌木种植密度中等（约每 20m² 一株乔木、每 4m² 一株灌木），但形成了较好的复层种植结构，主要树种为香樟、水杉、棕榈、雪松、广玉兰、三角枫、枇杷、桂花、红枫、石榴等。

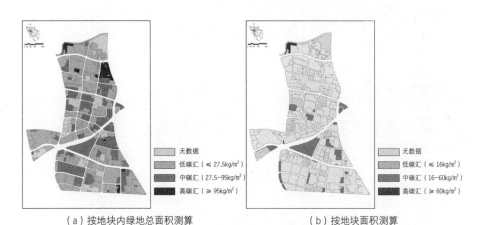

（a）按地块内绿地总面积测算　　　　　　（b）按地块面积测算

图4-13　调研地块绿地碳汇评价分级

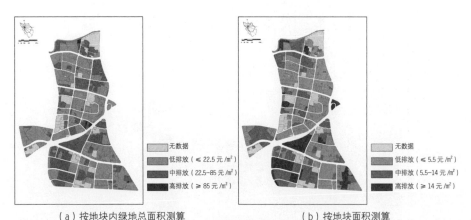

（a）按地块内绿地总面积测算　　　　　　（b）按地块面积测算

图4-14　调研地块绿地碳排评价分级

城市绿地和绿化的低碳化建设规划指南

按地块内绿地总面积测算的高碳汇地块的绿化结构

表4-9

地块分布图	地块编号	用地性质	地块内绿地总面积（m²）	乔木株数（株）	单位绿地面积乔木株数（株/hm²）	灌木面积（m²）	单位绿地面积灌木株数（株/hm²）	地被面积（m²）	单位绿地面积地被面积（hm²/hm²）	碳汇总量（kg）	单位绿地面积碳汇量（kg/m²）
	①	公园绿地	25687	676	263	9933	19335	5160	0.20	3106710.00	120.94
	②	教育科研设计用地	362	47	1298	120	16575	0.00	0.00	71542.80	197.63
	③	保安用地	208	14	673	63	15144	0.00	0.00	33570.00	161.39
	④	居住用地	8657	596	688	4852	28024	3510	0.41	886304.00	102.38
	⑤	居住用地	596	60	1007	436	36577	49	0.08	107426.80	180.25
	⑥	居住用地	88	11	1250	86	48864	16	0.18	11663.20	132.54
	⑦	行政办公用地	686	41	598	329	23950	489	0.71	86255.20	125.74
	⑧	教育科研设计用地	48	16	3333	2	2083	23	0.48	6153.70	128.20
	⑨	居住用地	2470	111	449	124	2510	1936	0.78	390376.90	158.05

表4—10

按地块内绿地总面积测算的高养护地块的绿化结构

地块编号	用地性质	地块内绿地总面积（m²）	乔木株数（株）	单位绿地面积乔木株数（株/hm²）	灌木面积（m²）	单位绿地面积灌木株数（株/hm²）	地被面积（m²）	单位绿地地被面积（hm²/hm²）	养护概算（元）	单位绿地面积养护量（元/m²）
①	商业服务业用地	306	0	0	740	120915	0.00	0.00	38887.00	127.08
②	居住用地	50	16	3200	90	90000	0.00	0.00	5816.86	116.34
③	商业服务业用地	91	1	110	167	91758	50.00	0.55	9157.31	100.63
④	商务办公用地	181	0	0	406	112155	90.00	0.50	21899.60	120.99
⑤	施工与维修设施	65	8	1231	205	157692	50.00	0.77	11629.93	178.92

地块分布图

表4—11

圣美邸的绿地建设特征

单位

用地性质	单位地块面积碳汇水平级别	单位绿地面积碳汇水平级别	单位地块面积养护水平级别	单位绿地面积养护水平级别	附属绿地率（%）	单位绿地乔木株数（株/hm²）	单位绿地灌木株数（株/hm²）	单位绿地面积地被面积（hm²/hm²）	单位地块面积碳汇量（kg/m²）	单位绿地面积碳汇量（kg/m²）	单位绿地面积养护量（元/m²）	单位地块面积养护量（元/m²）
居住用地	高	中	低	低	27.5	449	2510	0.78	43.46	158.05	10.61	2.92

地块位置图及现场照片

2）绿地的间接低碳功能评价

受研究期限的制约，无法通过长期监测对比考察研究区域确切的热岛情况，仅对公园绿地的步行服务区覆盖情况进行了分析，以反映低碳到访情况。

《城市园林绿化评价标准》（GB/T 50563—2010）要求规模为5000m² 以上的公园绿地，服务半径应达到500m，并以此标准来评判城市公园绿地是否布局合理，分布均匀。在虹桥研究区域，规模在5000m² 以上的公共绿地，其500m服务区对于居住地块尤其对于相对老旧的建设类区二内的居住地块，覆盖并不完善（图 4-15）。

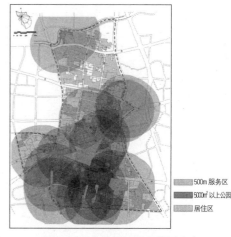

	500m 服务区
	5000㎡以上公园
	居住区

图4-15　公园绿地服务范围分布

4.1.3　虹桥地区绿地和绿化的低碳化建设潜力分析

低碳化建设潜力的评价分析主要是针对简单式屋顶绿化、地栽式垂直绿化和湿地型绿地的营建条件进行的。

| | 现有屋顶绿化 |

图4-16　现有屋顶绿化分布

1）简单式屋顶绿化的建设潜力

研究区域内现有的屋顶绿化非常少（图 4-16）。而存量建筑建设简单式屋顶绿化的主要制约，在于屋面荷载的限制、各种异型屋顶产生的技术瓶颈和成本代价以及不同功能类型的建筑建设屋顶绿化的政策成本。因此，为了筛选适宜建设简单式屋顶绿化的建筑，根据历年的《建筑结构荷载规范》（GB 50009—2012、GB 50009—2001、GB 50009—1987、GB 50009—1974、GB 50009—1958）、《屋面工程技术规范》（GB 50345—2012）、《种植屋面工程技术规程》（JGJ 155—2013）等规范中的相关要求，选择了建筑年代、屋顶类型、屋顶坡度、建筑层数、建筑类型作为评价因子（图 4-17），进行了简

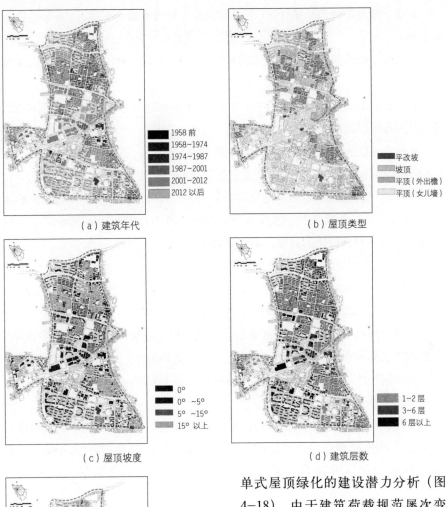

（a）建筑年代

1958 前
1958~1974
1974~1987
1987~2001
2001~2012
2012 以后

（b）屋顶类型

平改坡
坡顶
平顶（外出檐）
平顶（女儿墙）

（c）屋顶坡度

0°
0° ~5°
5° ~15°
15° 以上

（d）建筑层数

1~2 层
3~6 层
6 层以上

（e）建筑类型

开放公共建筑
不开放公共建筑
居住建筑
历史保护建筑

图4-17　屋顶绿化建设条件的评价因子

单式屋顶绿化的建设潜力分析（图4-18）。由于建筑荷载规范屡次变动，其中1987版的更改较大且其规定的屋面活荷载已基本能满足简单式屋顶绿化的承重要求；5度以上的坡度对绿化技术和成本的要求更高；6层以上对植物要求更高，绿化成本会大幅增加；且相对于公共建筑，住宅进行屋顶绿化，政策运作的难度更大；综合这些因素，最终确定：

● 适宜改造的建筑：是 1987 年以后建造、屋顶坡度 5 度以下、6 层及以下的公建；

● 可改造的建筑：是 1987 年以后建造、屋顶坡度 5 度以下、6 层及以下的住宅；

● 不建议改造的建筑：是 1958 ～ 1987 年期间建造、平改坡或屋顶坡度 5 度以上、6 层以上的各类建筑；

● 不宜改造的建筑：1958 年前建造的建筑。

由图 4-18 可见，研究区域内适宜改造简单式屋顶绿化的建筑占比并不高，主要集中在公共建筑相对集中的建设类区三；建设类区二、三中相对老旧的住宅因以多层、平屋顶为主，也具备一定的改造潜力。但要达到 80% 以上的建筑物屋顶进行屋顶绿化的目标，尚不具备充分条件。

2）地栽式垂直绿化的建设潜力

研究区域内现有的垂直绿化主要是高架柱、围墙、小型附属建筑的表面绿化（图 4-19），尚未形成规模化的垂直绿化。

在城市建成区进行垂直绿化建设，应以不影响建筑内使用者的日常生活、不影响建筑的安全性能为原则。因此，为避免遮挡阳光，南向墙体尤其是居住建筑的南向墙体，不宜进行大量的垂直绿化；窗户和阳台排布较多的墙面，也不利于进行垂直绿化。

地栽式垂直绿化具有低造价、低维护的特征，但要求建筑周边有覆土以及有足够的植栽空间，底层的出入口、展示窗口等功能性空间较少。地栽式垂直绿化可分为自然攀援式（吸附攀爬）和附架攀援式（缠绕攀

图4-18 简单式屋顶绿化的建设潜力

图4-19 现有垂直绿化分布

爬）两种。其中自然攀援式垂直绿化要求建筑外墙面有一定的粗糙度，应是混凝土、涂料、砖墙等材质，以适宜藤本植物攀援；附架攀援式垂直绿化因设计有专供植物攀爬的构架，不受建筑外墙材质的限制，适用性较广，但因附架通常需借助建筑外墙固定，对建筑质量和周边风环境等会有要求。

因此，选择了可绿化墙面面积比例、建筑外墙材质、建筑周边覆土区段比例以及建筑质量、周边风环境、建筑周边植栽空间宽度、底层出入口及展示窗口数量等作为评价因子（图 4-20），进行了地栽式垂直绿化的建设潜力分析（图 4-21 和表 4-12）。研究区域内适宜建设地栽式垂直绿化的建筑很有限，但大部分建筑均具备可建设的条件。

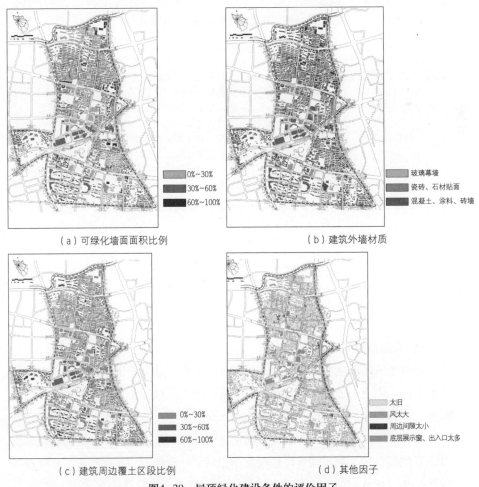

图4-20　屋顶绿化建设条件的评价因子

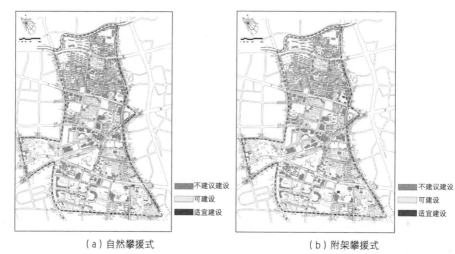

（a）自然攀援式   （b）附架攀援式

图4-21　地栽式垂直绿化的建设潜力

地栽式垂直绿化的宜建条件　　　　　　　　　　表 4-12

地栽式垂直绿化类型	宜建条件
自然攀援式	● 适宜建设：可绿化墙面面积比例达 60%~100%，混凝土墙、砖墙或涂料墙面，建筑四周覆土区段比例达 60%~100%，无底层出入口及展示窗口过多或建筑周边植栽空间宽度过小等其他问题； ● 可建设：除去适宜建设及不建议建设的建筑； ● 不建议建设：可绿化墙面面积比例为 0%~30%，玻璃幕墙墙面，建筑四周覆土区段比例为 0%~30%，底层出入口及展示窗口过多或／及建筑周边植栽空间宽度过小
附架攀援式	● 适宜建设：可绿化墙面面积比例达 60%~100%，建筑四周覆土区段比例达 60%~100%，无底层出入口及展示窗口过多、建筑太老旧、或建筑周边植栽空间宽度过小等其他问题； ● 可建设：除去适宜建设及不建议建设的建筑； ● 不建议建设：可绿化墙面面积比例为 0%~30%，建筑四周覆土区段比例为 0%~30%，底层出入口及展示窗口过多、建筑周边植栽空间宽度过小、建筑周边风太大或／及建筑太老旧

3）湿地型绿地建设潜力

　　研究区域内湿地型绿地欠缺，目前仅占地面积最大的区域性公园（新虹桥中心花园）内有一处人工景观水体；并且，研究区域属于典型的高密度城市建设区，地形平坦。

　　为了实现虹桥商务区的水资源利用建设目标，使用鸿业暴雨排水和低影响开发系统服务包，利用测量高程点数据创建了地形模型，并进行了高程分析和流域分析（图4-22）。在研究区域的中部到北部，贯穿建设类区一、二和三，

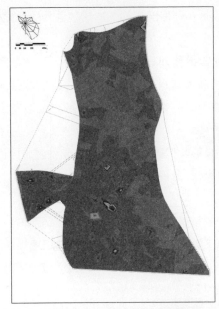

高程表			
编号	最小高程	最大高程	颜色
1	-1.43	-0.5	
2	-1	0	
3	0	0.5	
4	0.5	1	
5	1	1.5	
6	1.5	2	
7	2	2.5	
8	2.5	3	
9	3	3.5	
10	3.5	4	
11	4	4.5	
12	4.5	5	
13	5	5.5	
14	5.5	6	
15	6	6.5	
16	6.5	7	
17	7	7.5	
18	7.5	8	
19	8	8.5	
20	8.5	11	

图4-22　流域地形分析

分布有一系列相对低洼的片区，可以进一步研究，借助现有市政管网进行串接，建设雨洪湿地，最终雨水可排入作为研究区域北界的苏州河。

4.1.4　规划建设策略：不仅是虹桥

虹桥地区的低碳绿地建设调研结果，体现了一些可能具有普遍性的问题：

● 绿地率决定了地块的绿地总量，对于地块尺度的绿地低碳功能影响显著；但由于用地总量的局限，增加建成区绿地率的难度相当大：旧城区通常公园绿地率偏低；老旧小区的附属绿地率历史欠账严重，但因建筑密度大，绿地增加极为困难；公共设施附属绿地受经济利益制约，指标设置偏低，且不达标现象屡见不鲜；因此，通过绿地总量调控提升低碳功能的传统思路作用有限，必须另辟蹊径；

● 绿化结构对于绿地自身的低碳功能具有决定性影响；但目前的种植配置和养护技术，存在绿地的乔灌占比越大、整体绿量越大、养护费用越高的问题，消抵了绿地的碳汇效益；且绿化水平高的公共设施和高标准住宅集中的区域，绿化养护费用也明显偏高；因此，必须改变目前的种植设计和养护状况，从改变树种和绿化种植结构入手，构建科学平衡的绿地生境，大幅削减乔灌木的养护定额；

● 公园绿地的布局不均衡：公共设施、高标准住宅集中的区域，或是新建的区域，公园绿地相对较多，而人口密度高的老旧居住区公园绿地缺口严重，不利于低碳游憩出行。

与此同时，存量建筑的立体绿化建设具有一定潜力，且城市高密度建成区也可因地制宜地进行湿地型绿地建设。因此，可充分借助低碳绿地和绿化建设技术，作为绿地总量调控手段的有效补充，提升城市绿地建设的低碳化水平。

在虹桥案例中，根据现状绿地的低碳功能和低碳化建设潜力评估结果，对各类主要绿地的低碳化建设提出了一些基本的规划策略：

● 公园绿地的低碳化建设

在现行的相关绿地规划标准和规范框架下，在研究区域北部、具备湿地型绿地营建条件的地段，择地规划建设小区游园，在不改变用地性质的情况下，增加公园绿地总量，改善公园绿地布局的均衡性，并构建区域的雨洪管理系统。

● 居住附属绿地的低碳化建设

历史欠账严重的老旧小区，因建筑密度大，增加绿地困难，可通过营造立体绿化增加地块绿化量，提升碳汇能力；新近建设的小区，虽然绿地率较高，但因绿化结构不尽合理，表现出高养护的特征，应通过调整绿化结构增汇减排。

● 公共设施附属绿地的低碳化建设

公共设施附属绿地的总量增加较为困难，但可因地制宜，通过建设屋顶绿化（图4-23）增加绿化量，并有助于达成研究区域中北部雨洪管理系统的源头控制。

● 道路附属绿地的低碳化建设

规划导控对于保障道路绿地率较为有效。因此规划应严格根据道路等级和宽度条件，规定道路附属绿地率指标（图4-24）；并建议研究区域内以支路为主、次干道为辅构建绿道慢行系统（图4-25），与公共交通站点、小区、商办出入口有效连接，为人们上下班通行提供一个更加安全和优美的环境（图4-26），以提升区域内的低碳出行水平。

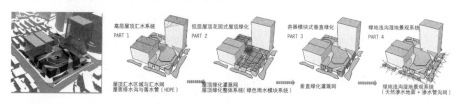

图4-23　公共设施屋顶绿化设计意向（吴婧设计绘制）

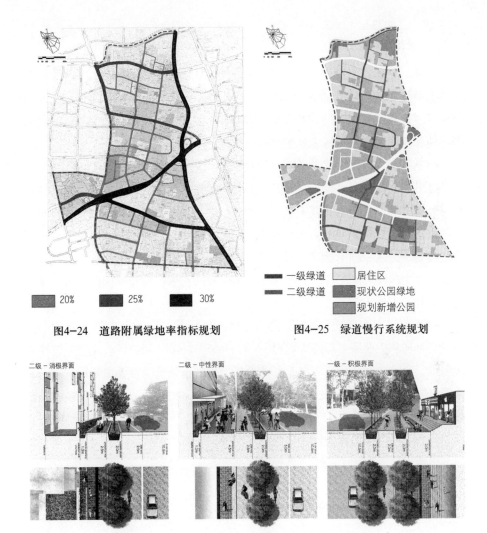

图4-24 道路附属绿地率指标规划   图4-25 绿道慢行系统规划

图4-26 绿道典型断面设计意向（翟雪倩设计绘制）

4.2 对接要点和思考

　　既然城市绿地系统规划的实践是基于一系列规范和标准的指导、借助等级指标进行绿地总量和构成的宏观控制、通过分类布局实现系统功能的完善和优化、进而借由植物物种的保护和种植结构的调控落实整个系统乃至局部绿地的生态效益，则以低碳为目标的规划实践在纳入各种相关技术支持时，也必须遵从这一实践范式，建设、整合相应的规范标准，并在等级指标、分类布局、植物规划与保护层面，都能提供具有可操作性的导则。

4.2.1 规范和标准建设

目前，在国家层面，中华人民共和国住房和城乡建设部已于2014年发布了《海绵城市建设技术指南——低影响开发雨水系统构建》（试行），于2013年修订、发布、实施了《种植屋面工程技术规程》（JGJ 155—2013），对湿地型绿地和屋顶绿化进行技术性的指导和规定。

● 《海绵城市建设技术指南——低影响开发雨水系统构建》（试行）

提出了海绵城市建设——低影响开发雨水系统构建的基本原则，规划控制目标分解、落实及其构建技术框架，明确了城市规划、工程设计、建设、维护及管理过程中低影响开发雨水系统构建的内容、要求和方法，并提供了我国部分实践案例。这一技术指南实质上是基于我国相关政策法规的要求，对既有研究和工程实践经验的汇总，可指导包括园林部门在内的城建部门推进海绵城市建设的有关工作。

● 《种植屋面工程技术规程》（JGJ 155—2013）

是对《种植屋面工程技术规程》（JGJ 155—2007）的修订。在这一版技术规程中，简单式种植屋面不仅是作为术语出现，而是参考有关国际标准和国外先进标准，对其绿化指标、荷载标准、防水层和保护层构造、植物种植和灌溉等均给出了技术性规定。

一些城市根据地域条件，也制定了与碳汇计量、低碳绿地和绿化形式、低碳绿化建设技术等相关的地方性标准规范（表4-13）。

北京和上海市园林绿化管理部门网上公示的地方性相关标准规范　　表4-13

城市	标准规范	标准文本编码	发布时间
北京	屋顶绿化规范	DB11/T 281—2005	2005
	草坪节水灌溉技术规定	DB11/T 349—2006	2006
	再生水灌溉绿地技术规范	DB11/T 672—2009	2009
	北京市级湿地公园建设规范	DB11/T 768—2010	2010
	北京市级湿地公园评估标准	DB11/T 769—2010	2010
	园林绿化废弃物堆肥技术规程	DB11/T 840—2011	2011
	节水耐旱型树种选择技术规程	DB11/T 863—2012	2012
	林业碳汇计量监测技术规程	DB11/T 953—2013	2013
上海	垂直绿化技术规程	DBJ08—75—98	1998
	绿化植物废弃物处置技术规范	DB31/T 404—2009	2009
	上海湿地修复区生物多样性保育导则（试行）及编制说明	—	2012

随着低碳绿地／绿化的技术研究和建设实践的不断推进，近年来相关规范和标准的建设工作已逐渐展开并初具成效。这些标准目前以指导性技术文件为主，地方标准多于国家和行业标准，主要针对专项技术方法，还缺乏一般性、标准化的工作和管理约束力（图4-27）。指导性技术文件可为技术尚在发展中的项目提供相应的规范性文件，引导其发展，对标准化工作的推进十分必要。但具有法律属性的强制性标准和需要全行业共同遵守的技术通则类，则无疑更具有普遍的指导意义和约束力。为此，首先需要按照气候和植被的地带性差异，跟进最新的技术研究成果，继续完善地方性标准规范的覆盖区域和内容；并在此基础上归纳提取通用标准，与现行的行业和国家标准规范对接，及早修编《城市绿地系统规划编制纲要（试行）》和《城市绿地分类标准》（CJJ/T85—2002）等现行规范。

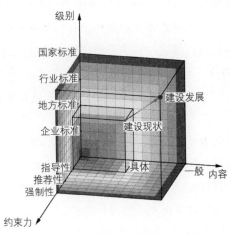

图4-27 低碳绿地／绿化相关标准规范的建设发展过程示意图

4.2.2 等级与指标层面

现行的城市绿地系统规划的相关标准规范，是综合了规划系统的规模等级以及城市园林绿化评价的质量等级的差别，重点针对绿地总量指标进行控制。然而，对于低碳绿地和绿化建设，绿地数量指标以及与之相关的城市规模和绿化质量等级，并不能确切反映城市绿地和绿化的低碳效益。因此在规划等级和指标层面，低碳绿地／绿化技术与实践的对接，必须要突破现有的架构。

● 根据既有发展条件区分规划等级

不同的城市在区位、资源禀赋、经济发展水平等方面存在较大的差异，城市规模、碳排放状况及所处的工业化阶段也有所区别，地域之间的各种差异决定了不同的城市在低碳发展过程有着不同的定位、发展模式和实现路径[①]。城市的经济发展水平和资源禀赋及利用仍然是决定现阶段中国城市低碳发展能否顺利实施的重要物质基础和影响因素[②]。因此，对于低碳绿地建设而言，城市的经济发展条件和现状绿地建设基础对于目标设定、技术研发、资金投入、效益产出等都有重要影响。根据城市的既有发展条件，对低碳绿地／绿化的建设指标进行等级区分控制，是一种务实的标准化指导方式。

●针对地域分区研究制定规划等级

绿地低碳化建设的根本在于增碳汇减碳排。植物是各类绿地实现碳汇功能的主要依托要素；植物养护也是各类绿地（尤其是不具游赏功能的绿地）产生碳排的主要缘由。因此，与种植结构、树种选择相关的指标，必然是低碳绿地／绿化指标的重要组成部分。由于自然植被的分布具有显著的地带性特征，且直接影响植物养护强度的降水等气候条件也具有显著的地带性差异，低碳绿地系统规划在考虑城市规模等级、绿地和绿化建设质量等级差异的同时，还必须针对地区差异、为位于不同自然区带的城市提供不同的标准。《海绵城市建设技术指南——低影响开发雨水系统构建》（试行）就对年径流量控制率进行了分区建议。

气候条件的地带性差异还导致了不同地区建筑型制和材料的差别。目前关于立体绿化的标准规范，主要是针对新建建筑。今后如果要进一步对存量建筑推广，则必须按照建筑气候区划，在充分调研各分区主要建筑型制和建材要求的基础上，制定规划分区并提出相应的设计导则。

●用相对指标补充总量指标进行指导性控制

相对指标是通过数量之间的对比来表明事物的相关程度和发展程度，它可以弥补必须用绝对数表达的总量指标的不足。低碳本身就是一个比较的概念，因此采用相对指标，更易于反映低碳化建设的成效。

绿地低碳化建设的核心相对指标是碳汇增加量和碳排减少量。这两个指标的合理设置，必须根据绿地碳汇、碳排的现状水平，借鉴相同类型的、低碳化建设水平较高的绿地情况，并充分考虑低碳技术实施的可行性。

针对低碳绿地建设的具体技术环节，同样可以借助相对指标进行引导控制。

① 宋德勇，张纪录．中国城市低碳发展的模式选择 [J]．中国人口．资源与环境，2012（1）：15-20．

② 连玉明．中国大城市低碳发展水平评估与实证分析 [J]．经济学家，2012（5）：44-52．

如《海绵城市建设技术指南——低影响开发雨水系统构建》（试行）中，就借助低影响开发后年径流量的削减比率，根据降雨量和雨水资源化利用需求划分了分区，制定了年径流总量控制率 α（Ⅰ区 85% ≤ α ≤ 90%，Ⅱ区 85% ≤ α ≤ 90%，Ⅲ区 85% ≤ α ≤ 90%，Ⅳ区 85% ≤ α ≤ 90%，Ⅴ区 85% ≤ α ≤ 90%），作为总规层面的控制目标；该指南对于悬浮物（SS）的控制也采用了相对指标，建议年 SS 总量去除率应达到 40%~60%，作为径流污染物的控制指标。

● 绿地总量指标与具体技术指标的合理配套

绿地总量指标可反映城市中绿地建设的整体规模水平，但难以对具体技术进行引导和控制。而低碳目标的实现，需要因地制宜地借助多种技术手段。因此，必须及时将成熟的相关研究成果转化为技术指标，根据现状条件落实到具体空间对象。技术指标与总量指标配套，能够从目标层面到具体规划设计要素，自上而下地形成更为完善的指标体系。

如《海绵城市建设技术指南——低影响开发雨水系统构建》（试行）中，就按照规划的层级，针对低影响开发雨水系统的整体功能和主要构成部分，提出了关键的控制指标（表 4-14）以及指标值设定或计算的参考数据（表 4-15 和表 4-16）。

4.2.3 类型与布局层面

目前对城市绿地分类具有重要指导作用的现行规范《城市绿地分类标准》（CJJ/T 91—2002），是采用层次分类体系，按城市绿地的实际使用功能和各种特征，将其分为 5 大类、13 中类和 11 小类。这一标准规范的所有的绿地类型都是针对可实际占地的绿地，并未包涵各种无法进行用地核算的绿化空间，如屋顶绿化、室内绿化等。并且，由于该标准存在着分类标准不统一、"小区游园"不能落地、与新版《城市用地分类与规划建设用地标准》（GB 50137—2011）部分内容和统计口径不匹配、"其他绿地"分类不完善等一系列问题，相关部门已经着手开展修编工作[①]。借此契机，通过前瞻的顶层设计，可以将现版《城市绿地分类标准》中未予体现的各种低碳绿地和绿化形式有机整合进来，推进城市绿地的低碳化建设。

---

① 贾俊.关于《城市绿地分类标准》修编工作的若干探讨[J].中国园林，2014（12）：84-86.

城市绿地和低碳氛围的化设建设规划指南

低影响开发控制指标 [根据:《海绵城市建设技术指南——低影响开发雨水系统构建》(试行)]

表4-14

规划层级	控制目标与指标 类型	控制目标与指标 项目	指标含义	赋值方法	目标与指标的确定方法
总体规划专项规划	控制目标	年径流总量控制率及其对应的设计降雨量	年径流总量控制率为场地内累计全年得到控制（不外排）的雨量占全年总雨量的百分比；设计降雨量是为实现年径流总量控制率，用于确定低影响开发设施规模模拟设计降雨量控制值	通过统计分析计算得到（参见表4-15）；资料缺乏时，可根据当地长期降雨规律和近年气候的变化，参照与其长期降雨规律相近的城市的设计降雨量值	当不具备径流量控制的空间条件或者经济成本过高时，可选择较低的年径流总量控制目标；借鉴发达国家实践经验，年径流总量控制率最佳为80%~85%
	综合指标	单位面积控制容积	以径流总量控制为目标时，单位汇水面积上所需低影响开发设施的有效调蓄容积（不包括雨水调节容积）	$V=10H\varphi F$ 式中： V—设计调蓄容积（m³）； H—设计降雨量（mm），参照表4-15； φ—综合雨量径流系数，可参照表4-16进行加权平均计算； F—汇水面积（hm²）	根据总体规划阶段提出的年径流总量控制率目标，结合各地块绿地率等控制指标进行计算
详细规划	单项指标	下沉式绿地率及其下沉深度	下沉式绿地率=广义的下沉式绿地面积/绿地总面积 广义的下沉式绿地指具有一定调蓄容积（在以径流总量控制为目标进行分解或设计调节容积）的可用于调蓄径流雨水的绿地；下沉式绿地下沉深度指下沉式绿地低于周边铺砌地面或道路平均深度，下沉深度小于100mm的下沉式绿地面积不参与计算，对于湿塘、雨水湿地等水面设施调蓄深度等	对单位面积控制容积指标和综合指标进行合理分配；指标分解方法： 1. 根据单位面积控制容积目标和综合指标进行试算分解； 2. 模型模拟	根据各地块的具体条件，通过技术经济分析，合理选择单项或组合控制指标，并对单项或组合控制指标进行合理分配
		透水铺装率	透水铺装率=透水铺装面积/硬化地面总面积		
		绿色屋顶率	绿色屋顶率=绿色屋顶面积/建筑屋顶总面积		

我国部分城市年径流总量控制率对应的设计降雨量值一览表
[来源：《海绵城市建设技术指南——低影响开发雨水系统构建》（试行）]　表 4-15

城市	不同年径流总量控制率对应的设计降雨量（mm）				
	60%	70%	75%	80%	85%
酒泉	4.1	5.4	6.3	7.4	8.9
拉萨	6.2	8.1	9.2	10.6	12.3
西宁	6.1	8.0	9.2	10.7	12.7
乌鲁木齐	5.8	7.8	9.1	10.8	13.0
银川	7.5	10.3	12.1	14.4	17.7
呼和浩特	9.5	13.0	15.2	18.2	22.0
哈尔滨	9.1	12.7	15.1	18.2	22.2
太原	9.7	13.5	16.1	19.4	23.6
长春	10.6	14.9	17.8	21.4	26.6
昆明	11.5	15.7	18.5	22.0	26.8
汉中	11.7	16.0	18.8	22.3	27.0
石家庄	12.3	17.1	20.3	24.1	28.9
沈阳	12.8	17.5	20.8	25.0	30.3
杭州	13.1	17.8	21.0	24.9	30.3
合肥	13.1	18.0	21.3	25.6	31.3
长沙	13.7	18.5	21.8	26.0	31.6
重庆	12.2	17.4	20.9	25.5	31.9
贵阳	13.2	18.4	21.9	26.3	32.0
上海	13.4	18.7	22.2	26.7	33.0
北京	14.0	19.4	22.8	27.3	33.6
郑州	14.0	19.5	23.1	27.8	34.3
福州	14.8	20.4	24.1	28.9	35.7
南京	14.7	20.5	24.6	29.7	36.6
宜宾	12.9	19.0	23.4	29.1	36.7
天津	14.9	20.9	25.0	30.4	37.8
南昌	16.7	22.8	26.8	32.0	38.9
南宁	17.0	23.5	27.9	33.4	40.4
济南	16.7	23.2	27.7	33.5	41.3
武汉	17.6	24.5	29.2	35.2	43.3
广州	18.4	25.2	29.7	35.5	43.4
海口	23.5	33.1	40.0	49.5	63.4

径流系数
[来源:《海绵城市建设技术指南——低影响开发雨水系统构建》(试行)] 表 4-16

汇水面种类	雨量径流系数 φ	流量径流系数 Ψ
绿化屋面（绿色屋顶，基质层厚度 ≥ 300mm）	0.30~0.40	0.40
硬屋面、未铺石子的平屋面、沥青屋面	0.80~0.90	0.85~0.95
铺石子的平屋面	0.60~0.70	0.80
混凝土或沥青路面及广场	0.80~0.90	0.85~0.95
大块石等铺砌路面及广场	0.50~0.60	0.55~0.65
沥青表面处理的碎石路面及广场	0.45~0.55	0.55~0.65
级配碎石路面及广场	0.40	0.40~0.50
干砌砖石或碎石路面及广场	0.40	0.35~0.40
非铺砌的土路面	0.30	0.25~0.35
绿地	0.15	0.10~0.20
水面	1.00	1.00
地下建筑覆土绿地（覆土厚度 ≥ 500mm）	0.15	0.25
地下建筑覆土绿地（覆土厚度 <500mm）	0.30~0.40	0.40
透水铺装地面	0.08~0.45	0.08~0.45
下沉广场（50 年及以上一遇）	—	0.85~1.00

　　低碳绿地和绿化形式的整合难点主要在于类型的交叉和空间的外延。如作为低碳绿地和绿化的重要形式，雨洪湿地是依照地形、土壤等自然条件布设的，与绿地类型并无必然的对应关系，公园、附属绿地、其他绿地是湿地型绿地的主要建造空间，而生产绿地和防护绿地也可以营建湿地；立体绿化的空间分布，则大部分突破了城市绿地的立地边界，进入到了城市中的各类建筑空间。此外，从低碳功能区分，一些绿化形式具有综合功能，难以明确区分归类。如屋顶绿化既是雨洪管理系统进行源头控制的一项重要技术，也是立体绿化的重要组成部分。因此，城市绿地分类的调整（图 4-29）有必要从单一的用地核算转向用地核算与绿量核算并重，将各种建筑空间的绿化建设也纳入调控考虑，并借此契机规范社区公园全面落地、附属绿地合理计量并反映到城市绿地总量等问题，理顺现有绿地类型的核算关系；此外，对于每一类绿地和绿化，在使用功能之外，对于低碳功能也应作出指导性界定，明确其所能发挥的低碳功能以及规划建设时可以考虑采取的低碳技术措施。

　　从布局的角度诠释城市绿地增汇减排的低碳功能，关键在于：

● 通过生态科学的绿地排布，健全绿地系统的自然生态，提升其自身碳汇能力

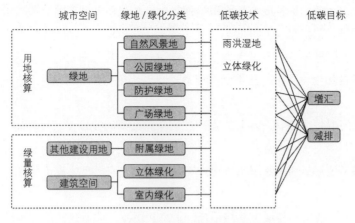

图4-28 城市绿地分类的低碳目标整合模式

景观生态格局是城市绿地生态化布局的重要理论基础。具有生态合理性的景观格局应遵循的基本构建原则[1]包括：

①景观应粗粒与细粒有机镶嵌 [图4-29（a）]；

②大、小斑块应合理配置、有效串联 [图4-29（b）]；

③应有效利用基质与斑块的边界形成防护性的缓冲带 [图4-29（c）]；

④河流廊道必须具有足够的宽度并应保持必要的连接度 [图4-29（d）]；

⑤交通廊道对自然斑块或基质的阻隔作用应予削弱或打断 [图4-29（e）]。

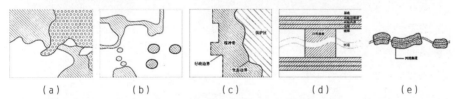

| （a） | （b） | （c） | （d） | （e） |

图4-29 景观格局的生态化构建原则（根据：Dramstad 等，1996[2]）

根据这些基本原则，生态化的城市绿地布局应具有下述基本特征：

①城市绿地应由使用功能不同、设计绿地率也相应不同的各类绿地组成；

---

① 骆天庆，王敏，戴代新．现代生态规划设计的基本理论与方法[M]. 北京：中国建筑工业出版社，2008.

② Dramstad W E, Olson J D, Forman R T T. Landscape Ecology Principles in Landscape Architecture and Land-use Planning[M]. Washington, DC：Harvard University Graduate School of Design, Island Press& American Society of Landscape Architecture. 1996.

②城市范围内应该既有受到很好保护的大型自然残留斑块，也有分散排布的小型服务性绿地斑块；

③各种绿地斑块尤其是大型的自然残留斑块，其边界处须设置有效的缓冲带以利于自然生境保护；防护绿地应通过合理的布局和断面设计，充分发挥其防护作用；

④滨河绿地必须具有足够的宽度并应保持必要的连接度，以构建有效的河流廊道；

⑤科学规划路网密度，以削弱或打断交通廊道对自然斑块或基质的阻隔作用。

● 通过协调绿地排布与城市其他系统的关系，削减绿地系统外部的碳排放

合理排布的城市绿地对于消减城市热岛效应、降低依赖机动车的到访出行率以及减少到访出行距离，都有显著的效果。国内外的大量实证研究表明，具有规模效应的绿地格局能更好地缓解城市热岛效应，绿地分布面积越大、越集中，热岛效应的减缓效果越好；相反地，为了促进步行到访，则需要大量均衡分散的小型社区性使用的公园绿地。因此，大、小斑块合理配置的绿地系统（图4-30），不仅会具有良好的生态功能，还有利于城市其他系统的节能减排。

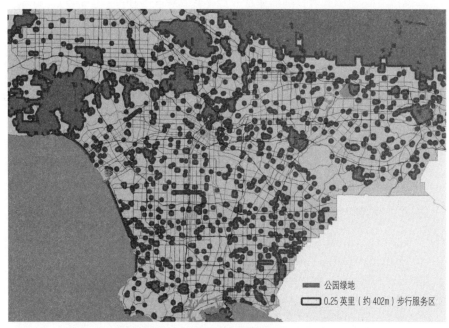

图4-30　美国洛杉矶地区的城市绿地及其步行到访服务范围分布

4.2.4 植物规划与保护层面

绿化种植结构对于绿地自身的低碳功能具有决定性影响。通常情况下，乔灌种植占比高、绿量大的绿地，单位面积的碳汇水平相应较高。然而，当前的园林树种选择、种植配置和绿化养护技术，往往造成绿化树种单一、种植设计程式化、养护工作量大，并未能充分发挥乔灌木和绿化群落的生态稳定效能。因此，与自然界中群落斑块越大、自维护的稳定性越好的情况恰恰相反，城市绿地中树木规格越大、绿量越大，所需的养护费用也越高，导致城市绿地低碳功能被大幅消减。

鉴于此，全面、务实地变革城市绿化结构，遵循生态设计原则，根据地带性植被特征，广泛推行模拟自然群落的绿化建设，应是绿地低碳化建设的关键。从实践操作的角度，亟需推进以下工作，以顺利实现这一绿化建设变革：

● 倡导种植规划和设计的分区理念

模拟自然的绿化，与当前流行的人工绿化相比，养护要求固然差别显著，景观效果更是截然不同，需要景观审美观的变革与支撑。对此，规划设计的专业性应对，应该是大度的兼容并蓄和积极的创新优化。首先，可通过景观敏感度评价，识别对于景观品质的不同要求，建立相应的分区，在不同的分区进行不同风格和强度的种植规划和设计，提出不同的养护标准，营造丰富而合宜的景观（图4-31）；其次，勇于变革和创新，在模拟自然的创作中，运用新的植材、新的配植方式，创造出各种新颖的种植景观。

● 推行更具可操作性的绿化结构评价指标

当前城市绿地系统的规划实践中，采用绿化覆盖面积中乔、灌木的占比来引导高绿量的绿化结构。但由于树木的不断生长，以及乔、灌木绿化覆盖的空间叠合特征，这一指标的核算操作有一定难度。相形之下，单位用地面积的乔木株数以及单位用地面积的灌木株数或种植面积，同样可规范乔灌木总量，且核算更为确切简单。

● 保护乡土树种、乡土群落和乡土生态系统

模拟自然的绿化，创作的源泉在于乡土树种、乡土群落和乡土生态系统。因此，需要以自然植被带、植被区域或植被区为单位，大力推进相关的资源研究和保护工作，筛选出景观效果好、生态效益佳、抗逆性强的树种和配植方式，建立健全乡土树种名录和绿化导则，有效指导绿地规划和建设工作。

● 推进乡土植物苗圃的建设工作

　　当前的苗圃建设通常只关注引种、驯化大批量的常规园林树种，以满足城市绿化需求。商业化的运作机制使得易培育、高需求的常规园林树种在不同气候带的城市中都随处可见。因此，为了改变绿化结构，推广应用乡土树种，必须及早开始储备充足的乡土植材，作为前瞻性的物质储备战略。

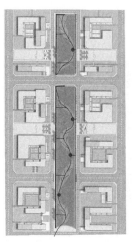

概念模式图　　　　节点设计平面图

园林种植区域
乡土种植区域
灌溉渠系
蓄水池

图例：
1. 跌水汀步
2. 休憩木平台
3. 东西向穿行步道
4. 步行道
5. 灌溉渠景观化休憩区
6. 种植区游步道
7. 乡土植被种植区
8. 园林植被种植区
9. 种植小品

灌溉渠景观化休憩空间意向图

种植小品休憩空间意向图

图4-31　种植分区规划设计案例（云翃设计绘制）

P后 记
Postscript

　　完稿之际，接连参加了中国风景园林学会的年会以及一些最新的专业标准培训，突然发现海绵城市、屋顶绿化和垂直绿化的建设已悄然兴起、引发热议。短短二十年，中国风景园林界的生态规划设计研究和实践，从空泛的理念、口号逐渐步入务实的技术探讨，令人欣慰。希望能借助本书，对城市绿地的科学建设尽一己绵薄之力。

　　衷心感谢责任编辑杨虹女士，在极短的时间内完成了校对、编排和印刷出版工作，使得本书能及早与读者见面，赶上这波风景园林建设的转型浪潮。

　　囿于作者学识短浅，且成书匆匆，本书的诸多不足，还请专家和读者多予批评指正。

骆天庆

2015 年 11 月